U0180865

欧洲城市儿童活动场地景观与设计

朱望规 著

European Children's Playground Design

中国建筑工业出版社

图书在版编目（CIP）数据

欧洲城市儿童活动场地景观与设计／朱望规著．－北京：
中国建筑工业出版社，2013.4
ISBN 978-7-112-15327-5

Ⅰ．①欧…　Ⅱ．①朱…　Ⅲ．①城市规划－儿童－文娱
活动－场地－景观设计－欧洲　Ⅳ．① TU984.18

中国版本图书馆 CIP 数据核字 (2013) 第 068842 号

　　本书介绍了欧洲一些城市，如奥尔堡、哥本哈根、爱丁堡、柏林、维也纳、日内瓦、欧登塞、马尔默等的28个儿童室外活动场地景观与设计实例。这些实例形式多种多样，风格简约质朴，用材生态环保，活动设施因地制宜、个性突出，并且具有挑战性、知识性、趣味性和艺术品位。全书内容丰富而生动。

　　作者旨在通过本书的介绍，希望社会为儿童创造更多的室外活动条件，让儿童更多地接受大自然的哺育，接受雨露和阳光。那里是促进儿童思维、记忆以及智力发展的重要课堂，是促进儿童身体健康的重要手段和途径。

　　本书可供城市规划与管理、城市设计、建筑设计、儿童教育等专业以及相关的大专院校师生在工作、学习中借鉴和参考，也是广大的市民及对本书内容有兴趣的读者的读物。

责任编辑：王玉容
责任校对：肖　剑　刘梦然

欧洲城市儿童活动场地景观与设计
朱望规　著

*

中国建筑工业出版社出版、发行（北京西郊百万庄）
各地新华书店、建筑书店经销
卓越非凡（北京）图文设计有限公司设计制版
北京顺诚彩色印刷有限公司印刷

*

开本：880×1230毫米　1/16　印张：10 ½　字数：290千字
2013年10月第一版　2013年10月第一次印刷
定价：99.00元
ISBN 978-7-112-15327-5
　　　　　（23419）

前　言

我在人民日报主管、主办的《健康时报》（大约2012年第9期）上看到一篇文章："0～6岁是一个人成长的重要阶段，一个健康、快乐、幸福的童年是构造完美人格的基础"。这篇文章让我特别关注，我先不去研究什么是完美人格，因为它是与一个国家的政治、经济、文化等因素紧密联系在一起的，是个复杂的社会问题。而其中的"童年、健康、幸福、快乐"这几个关键词让我琢磨来琢磨去。

我经常往返于北京—欧洲的一些城市之间，在来来往往之中，我注意到一种社会现象，那就是在欧洲一些城市的街道上、绿地上、居民社区中或住宅院落里，见到的最活跃的社会一族就是儿童。

早上9点多钟外出，总能碰见一队队的儿童不是在老师的关照下赶路，就是在绿地、场地上已经开始了活动，似乎不管天冷，甚至下雨、刮风。当然，天好时见得更多（图1～图4）。在植物园、动物园、博物馆等也常会碰到他们一队队的身影（图5、图6）。有一次在伦敦艺术博物馆，我跟上了一队儿童，我好奇地注视着他们看什么——意思是这么小，既不认字，更谈不上文化铺垫，甚至脑子还处于混沌状态。

有一年的冬天，我在哥本哈根。我住的院子中间是一块高起的丘陵状草地（这儿城市住宅院落都是封闭的，通向街道的门不少，但汽车绝对不能进入）。我发现每天早上9点来钟，总有一辆儿童车放在"陵上"，不管下雨、下雪，还是刮大风，而且准时，到10点来钟就推走了，历时约1小时。

• 图1 孩子们穿着羽绒服，老师背着行囊早早地就出发了。

• 图2 几位老师带了长长的一队儿童，不知上哪去，看来一时回不来。因为儿童背着双肩包，后面的老师还拉了一个装满东西的三轮车。

・图3　老师很有创意：地上捡块石头当目标，然后给孩子一人一个小木棒，叫孩子对着石头扔，看谁扔得准。他先做示范。今天天气好冷，但孩子们玩得很开心。

・图4　幼儿园外出，常常给孩子衣服外套个鲜亮的小马甲，以便跑到哪儿，一眼就能看到。

・图5　在植物园碰上一队正在休息的孩子。老师从车中拿出食品、饮料"慰劳"他们。

・图6　另一队儿童正活跃在植物园中。

我一开始好奇，又不敢去探究竟，心想，这一定是个后妈，想把孩子整死。别我一上前，真出了问题，调查起来，我靠近过。有一天，看左右无人，我实在按捺不住，小偷般地走近它。车子的雨篷虽然是撑起来的。但斜看过去，能看到里面是一个刚出生不久的小毛头，脸露在外面，安详地睡着，身上盖了一个小薄被。我看完赶紧离开，站立远处，镜头拉近，照了一张（图7）。要知道，那是多冷的天吗？我穿着厚厚的特质羊绒毛裤和羽绒服还冻的打哆嗦。后来一了解，这边的人大都是这么长过来的。我似乎明白了，欧洲人，尤其北欧人不怕冷，从小就是这么冻出来的。

丹麦儿童9个月即可入托，从此进入大家庭，过上了集体生活。街道上常可看到幼儿园的老师推着塞满儿童的童车长途跋涉，往往一车能塞三四个。刚会走路的儿童，步履蹒跚，就开始叫他抓着车帮子"自食其力"了（图8、图9）。

我初见这般风景，举着相机紧追不舍。后来多了，也就见怪不怪了。他们一般是被推到草地上，

• 图8 外出，不会走路的儿童用车推着。

• 图7 正在挨冻的小毛头。

• 图9 会走点的，抓着车帮子"自食其力"。

一面晒太阳，一面看大孩子活动；或者推到河滨、湖畔，教他们给飞禽、野鸭子投食（飞禽、野鸭子一见到他们就知道围上来）；有时推在步行街上晒太阳，看人来人往。

离我住地不远（走路不到10分钟）的一块草

• 图10　儿子刚会走路，妈妈就在教踢球了。

地——城市中心绿地，称不上草原，但很宽阔。草地上，足球场居多，有全栏、半栏等，供不同对象使用。踢球是他们的全民爱好。儿童刚会走路就教踢球，两岁就会带球，到四五岁，叫我这个外行看来已经踢得很专业了（图10~图12）。所以我看，中国足球想赢他们，可能不是一时半会的事情。

草地上，除了踢球外，还有跳绳的，玩类似中国丢手绢的。总之各路儿童生龙活虎，还常见到颜色鲜亮的小帐篷，那是某幼儿园来这儿活动的集散标记，里面堆着脱下的衣服、包包什么的。

这边幼儿园老师男的也不少，大都是青壮劳力（图13、图14）。不像我眼里的北京——幼儿园教师是妇女的专利。男女教师结合，刚柔相济，对儿童的教育会更全面一些。

• 图11　踢球男孩、女孩一个样。这个小女孩，看上去也就两岁多，踢球很来劲。

• 图12　幼儿园的"高年级学生"踢球已经踢得很专业了。

• 图13　清一色的男教师一大早带了一群娃娃兴致勃勃地赶路，不知上哪去。

• 图14　一车装了4个娃娃正在赶路的男女教师。

有次我看几个男教师带了一群二三岁大的儿童在草地上踢球（图15～图17）。他们扎在孩子堆中，高出三四个头，真是鹤立鸡群，和孩子一起踢球，看不出谦让，每次由他发球，狠狠一脚，非常专业。使得一群娃娃紧跑猛追。球一到娃娃手中，你争我抢，哪个球门近就往哪个球门踢，不进不罢休。然后老师把进门的球带出来又是一脚。我看着一个个小不点抢球、带球很有意思，有时踢不好坐个屁股蹲，爬起来还去找球。

有次我碰上一队二十几个小朋友，看样子也就三四岁，穿着羽绒服，背着双肩包，在老师的带领下从前面街道上走过，我立刻跟上，想看看他们到哪儿去？结果他们过了马路，我被红灯挡住，等绿灯亮了，孩子们已上了公交车。这时，我想起我小外孙跟

• 图15　老师带了一群娃娃在草地上踢球。每次由老师发球，他一脚踢得老远，使得一群娃娃紧跑。

• 图16 老师带着一群娃娃在草地上踢球。

• 图17 踢累了分组席地而坐，休息或听老师讲着什么。

他们差不多大的时候，有次幼儿园通知家长某月某日，给孩子带好睡袋、牙具、宠物（这里每个小朋友都有自己的宠物，布娃娃、布熊、布鸭子什么的）到度假屋活动（城市边界的树林子里），去三天，住两个晚上。到出发的那天早上下雨。雨虽不大，但雨点密密麻麻。我想，可能活动会变，拿行装时有点犹豫。到了幼儿园，只见送孩子们的大巴已停在园门口，许多孩子都已坐在车里了。看来，眼前的这些孩子也是出远门吧（图18）。

　　有次中午，我碰上一队幼儿园的小朋友从外面玩回来。我看看表，已经12点多了，可能赶回园吃午饭。孩子们步履蹒跚，看样子走不动了（图19）。只见"断后"的老师不停地打打这个小屁股，拍拍那个小屁股，真像赶着一群小羊羔似的。我目送着他们，直到拐弯不见。

• 图18 一大早，天气很冷，街道灰蒙蒙的。一队孩子们正在往公交站去。他们大都穿着防雨连衫裤，戴着帽子，背着双肩包。老师们拉着装满东西的小车，看样子是出远门吧（这里幼儿园的孩子集体活动无论乘公交还是联系大巴送，一般都到不了目的地，下车后还要靠自己走一程）。

小外孙可爱的宠物宝宝维尼。妈妈给维尼买不到合适的衣服，小外孙就把自己的衣服给它穿上。

• 图19 孩子们从活动场地回来，看样子已有些筋疲力尽了。

欧洲城市的幼儿园一般都有足够的活动室、宽敞的室外场地和各种活动设施供儿童玩耍。为了提高孩子们活动的新鲜感，老师还常常组织他们到园外活动。如到有特点的社区活动场地、城市绿地活动场地等，有其他"任务"还会走得更远，很少有坐在屋子里不出来的，除非极端天气。

我每天去幼儿园接小外孙都不知他在哪？他的幼儿园入口处是一个长长的三层楼，整个二三层全是活动室。每个房间里摆放着不同的玩具，门全开着。楼后是一个活动场地，地上铺满厚厚的沙。沙地上有滑梯、攀爬架、秋千、过家家的小屋及一些塑料小铲子、小刀子、小桶什么的（图20～图22）。每次接他，老师也帮着找，院里没有，就上楼，一个房间一个房间地挨着看。找到了，他还生气，嫌接得早，再叫陪着玩一会。出园时，先给他清沙子。全身上下抖

• 图20 小外孙上的幼儿园入口。

• 图21　后院是满铺沙子的活动场地。院中有过家家的小屋、滑梯、秋千等。

• 图22　滑梯是安置在草亭上的，亭子下是孩子们很喜欢待的活动空间。（例三十一）

一遍，鞋、袜子、衣服口袋，连短裤里面都有沙。每次清完，地上黄黄一片。

　　小外孙所在的幼儿园老师每个月20号制定下个月的活动安排（实际就是外出安排）。然后把结果和有关事项发到家长的email上。丹麦的天气"喜乐无常"，往往活动归来，老师淋得像个落汤鸡，浑身上下滴着水，孩子身上滴着泥汤子。看来丹麦幼儿园的老师希望外出时孩子穿防雨连衫裤是很有道理的。

　　通过以上，我琢磨，欧洲人为什么都是"人高马大"的，就是从小这么练出来的（图23～图25）。

图23

图24

• 图23和图24，周末一位爸爸一大早就用一个童车推了两个孩子出来活动，大的坐"二层"，小的坐"一层"。小的还在酣睡（图23），爸爸已经带着大的练球了（图24）。

• 图25　两队儿童在草地上赛球，踢得非常专业，一边一个教练，像成人正规比赛一样。事后我问教练孩子年龄，教练指着一个孩子说，最大的他，五岁半。

• 图26　一大早，老师背着重重的行囊，领着儿童就出发了。

我又翻出那份《健康时报》，上面的另一篇文章："长个抓住两个黄金时"。其中详细介绍了儿童个儿矮小的调查数据；阐明了儿童长高是多么重要；强调如果达不到个高标准要尽快就医，吃药。长个就只能就医吃药么？我不是责怪医生说得不对。这可能是两个专业从两种不同的角度考虑问题。我是想说，我们的儿童如果能像欧洲儿童一样，也活跃在大自然中，去经风雨，见阳光，那肯定能长个（图26、图27）。

我们老说儿童是早上八九点钟的太阳。其实，他们两头加中间都很难见到太阳（每天早上送，太阳还没出来；下班接，太阳落了；中间坐在屋子里）。我家的楼门挨着一个双语幼儿园，平时一点声音也听不到。起初，我以为幼儿园还没开张，后来向邻居一打听，才知道，早办起来了，孩子还不少哪，都是奔着

• 图27　老师带着儿童赶往绿地活动。

双语来的，全在屋里哪。我想起那份《健康时报》登的孩子端庄正坐的照片[①]，幼儿园的孩子如果每天就这么坐，个能长高吗？

2012.08期的《现代阅读》上的一篇文章："中国缺什么"，讲："中国不缺教育，中国缺没有奥数

————————
①由于版权问题，不便转载——作者。

和各种培训班的童年……"。

我想是的，中国有句成语，"磨刀不误砍柴工"。身体长好了，精力充沛了，会事半功倍的。事业有爆发力、创造力的人，往往不是当年只会啃书本的孩子。

2012.6.13《北京青年报》上有篇文章："《北京精神启蒙读本》进幼儿园"，并有图示。我想，幼儿园的孩子能明白什么是"爱国、创新"吗？更不用说"厚德、包容"了。再启蒙、再通俗，走了样也不行吧。俗话说："言传不如身教"，只要上上下下的成年人学好了，做好了，成为一种民族文化的传承，还怕孩子学坏吗。

让我们的孩子走出去，去接受大自然的哺育，去接受雨露和阳光。人原本就是从大自然中走出来的，孩子们应该在大自然中锻炼成长。这样，就不会有"因长跑而猝死、因军训而站不住、因操场上开大会而晕倒"的事发生了[①]。

21世纪是人类向生态和环保科学迈进的世纪，是向自然回归的世纪。我希望我们的社会趁着世纪的东风，更全面地关注我们儿童的生活和成长。因为他们是祖国的未来，是强盛的希望，实现中国梦需要强健的一代。这就是我出这本书由衷的想法。

本书收集了欧洲一些城市儿童活动场地环境景观及设施造型，其中有柏林、库布仑兹、爱丁堡、维也纳、日内瓦、哥本哈根、奥尔堡、欧登塞、马尔默等。以为从事有关儿童教育和儿童心理研究的工作者、城市设计、建筑设计、环境设计、城市管理等工作人员及大专院校广大师生在工作和学习中参考。

在编撰本书的过程中，不断得到以下朋友：

王赞秋、李玉欣、王斐、祝太平、高西生、高晓津、许丽雅、焦定文、王金凤、吴农潮、王书艳、王力军、王丽芳、高露、邹峰、王爱珠、王国桢、游德斌、王国栋、朱文媛、王辰昊、朱文捷、王为民、王蔚、王毅、李秀珍、严文、吴畏、鹿志伟、吴宪辉等的关心和帮助，并提供了许多的资料及照片，在此向他们表示诚挚的感谢。

由于本人水平有限，书中缺点和错误在所难免，有不当之处敬请读者批评指正。

2013年春节于北京

① 《现代阅读》2013年3月159期P59."实现中国梦需要强健的一代"。

目　录

第一篇　概述

一、量大面广 ……………………………………………………………………………………… 3

二、风格简约、朴素 ……………………………………………………………………………… 4

三、注意使用生态、环保的材料及废料 ………………………………………………………… 6

四、活动设施具有挑战性 ………………………………………………………………………… 7

五、具有知识性 …………………………………………………………………………………… 9

六、具有趣味性和艺术品位 ……………………………………………………………………… 10

七、因地制宜，设计先行 ………………………………………………………………………… 12

第二篇　实例

一、奥尔堡儿童活动场地之一（图 a～图 f）…………………………………………………… 14

二、奥尔堡儿童活动场地之二（图 a～图 t）…………………………………………………… 16

三、奥尔堡儿童活动场地之三（图 a～图 n）…………………………………………………… 21

四、奥尔堡儿童活动场地之四（图 a～图 f）…………………………………………………… 26

五、哥本哈根儿童活动场地之一（图 a～图 l）………………………………………………… 29

六、哥本哈根儿童活动场地之二（图 a～图 j）………………………………………………… 32

七、哥本哈根儿童活动场地之三（图 a～图 f）………………………………………………… 35

八、哥本哈根儿童活动场地之四——Faelledparken 滑板公园（图 a～图 h）……………… 37

九、哥本哈根儿童活动场地之五（图 a～图 u）………………………………………………… 40

十、哥本哈根儿童活动场地之六（图 a～图 d2）……………………………………………… 47

十一、哥本哈根儿童活动场地之七（图 a～图 h）……………………………………………… 50

十二、哥本哈根儿童活动场地之八（图 a～图 p）……………………………………………… 53

十三、哥本哈根儿童活动场地之九（图 a～图 e2）…………………………………………… 59

十四、哥本哈根儿童活动场地之十（图 a～图 l）……………………………………………… 61

十五、哥本哈根儿童活动场地之十一（图 a～图 h）…………………………………………… 65

十六、哥本哈根儿童活动场地之十二（图 a～图 m2）………………………………………… 67

十七、哥本哈根儿童活动场地之十三（图 a～图 q）…………………………………………… 73

十八、哥本哈根儿童活动场地之十四——儿童交通学习园（图 a～图 cc2）………………… 82

十九、柏林儿童活动场地之一（图 a～图 k）…………………………………………………… 90

二十、柏林儿童活动场地之二（图 a ～图 k） ································· 93

二十一、柏林儿童活动场地之三（图 a ～图 s） ··························· 98

二十二、弗洛姆儿童活动场地（图 a ～图 e） ····························· 104

二十三、卑尔根儿童活动场地（图 a ～图 p） ····························· 106

二十四、爱丁堡儿童活动场地（图 a ～图 x） ····························· 112

二十五、维也纳儿童活动场地（图 a ～图 l） ····························· 122

二十六、日内瓦儿童活动场地（图 a ～图 m） ···························· 126

二十七、欧登塞儿童活动场地（图 a ～图 q） ···························· 129

二十八、马尔默儿童活动场地之一（图 a ～图 h） ························ 135

二十九、马尔默儿童活动场地之二（图 a ～图 g） ························ 138

三十、科布伦茨儿童活动设施选例（图 a ～图 e） ······················· 140

三十一、路旁拾零（图 a ～图 bb） ·· 142

主要参考书目 ··· 154

第一篇　概　述

城市人口中，儿童占有很大的比例，儿童好动，喜欢室外活动，尤其学前儿童。这不仅是儿童的心理和生理特点，也是成长的需要。

学前儿童身体发育很快，尤其脑的发育，三岁时脑重已经是出生时的3倍，约1000g，到6岁时，脑重已约为1250g，接近于成年人了（成人脑重约1400g）。这个时期儿童的思维是通过感知进行的。也就是说，是通过在活动、运动、游戏等实践中进行的。而室外活动是促进儿童身体健康、智力发育和发展的重要手段和途径。因为室外除了有活动场地之外，更重要的是有明媚的阳光和洁净的空气。

明媚的阳光和洁净的空气对儿童的成长发育是非常重要的。人的皮肤得到阳光的照射以后，在皮肤中起作用，形成维生素D。维生素D进入血液，并分布到全身，可以预防佝偻病。而佝偻病是儿童的常见病，是在骨骼形成阶段由于缺乏维生素D不能获得必要数量的钙磷盐而引起的。

阳光中紫外线的"B"区①光谱能增加人体甲状腺中的碘含量和血液中的铁含量，有助于血红素的增长以及白血球、红血球数量的增长。紫外线中的"A"区①光谱能增强黝黑色素的形成。红色光与红外线能较深入地穿透人体，加速伤口的愈合，并能消炎、杀菌（杀结核杆菌、伤寒菌、葡萄球菌等），预防和治疗一些疾病，如感冒、支气管炎、扁桃体炎、骨结核等。

阳光使植物在光合作用下白天吸收CO_2，放出O_2，从而净化了空气。阳光越强，吸收的CO_2也越多。

阴天，植物在漫射光照射下也能吸收CO_2，放出O_2，只不过少点，但均匀，相对之下，同样可以获得洁净的空气。

所以儿童应该到室外去，去与自然亲和，去接受自然的抚育。

每天我们获得阳光照射的最短时间取决于阳光照射的角度，及个人对阳光的吸收能力，一般来讲，从30分钟到2个小时。

儿童教育是人类特有的一种社会现象。它随着社会的发展而发展。为了使儿童茁壮成长，全面发展，除了需要置身于大自然中沐浴明媚的阳光，呼吸洁净的空气而外，社会又根据他们的心理和生理特点，营造了各种各样的室外活动场地和丰富多彩的活动设施，如滑梯、攀爬架、秋千、双杠等等。

儿童通过这些可攀、可爬、可摸、可参与的活动设施感觉信息，提高认识环境的能力和主动学习、自助活动的能力。

通过这些活动设施激发儿童的想象力和创造力，促进儿童的兴趣、愿望、情感、美感的发生和发展，培养丰富的情操。

儿童在活动中，促进交往和互动能力，调整孤僻性格，逐渐培养健康的心态，良好的道德品质和行为习惯。

儿童在活动中，挑战自我，增强自信心、乐观、独立性和毅力，克服自卑感和过分的依赖性。

---

① 光谱分区："C"——波长$100 \sim 280\,\mu m$；"B"——波长$280 \sim 315\,\mu m$；"A"——波长$315 \sim 400\,\mu m$。
——《阳光与建筑》P1

在欧洲的一些城市，儿童活动场地随处可见。它是城市环境景观之一，也是这些城市中最生动、最活跃、最有生机的景观之一。其活动设施丰富、多样，形式美观，很难找出相同的设计，但它们又有许多共同的特点：

一、量大面广

儿童活动场地和活动设施是促进儿童身心健康发育的重要课堂。儿童年龄不同，心理特征不同，适合活动的设施也不一样。

两岁前的儿童不需要专门的活动场地和活动设施。因为这时的儿童还处于感知运动阶段，对于自身与环境是混沌的，只需要为他们多提供一些与环境接触的机会，提供一些可看、可听、可嗅、可摸的对象，如看大孩子活动，带到街上看人来人往，在湖边、水边教他们给飞禽、野鸭子喂食等等，丰富他们的感觉信息，促进早期智力发育。

两岁以上的儿童，由于具有了语言能力和行走能力，大大提高了他们主动学习和自助活动的能力。这个时期的儿童是十分活跃的，他们好奇，好探索，好冒险，好运动，应多为他们提供一些各种不同的运动场地和可攀、可爬、可钻、可跳，甚至具有一些挑战性的运动设施，以满足他们的好奇心，促进他们思维和身体的健康成长。

在欧洲一些城市中，一般凡是有人集中生活和活动的地方，如广场、街道、绿地、景区、学校、幼儿园、社区，甚至于二三栋楼之间，都能看到儿童活动场地和在场地上活动的儿童。有的院落空间很小，也会把这小小的空间全部送给孩子们，在其上设置秋千、滑梯、沙池等。在成人活动的地方一般也会伴有儿童活动的设施，如图1、图2。

其中图1，在成人活动的篮球场旁边，设置一个沙池，家长能全身心地投入运动。孩子在沙池中玩沙，身处自然中，沐浴阳光下，既安全又健康。图2，在烧烤炉旁边设一沙池，到时大人、小孩各忙各的，互不干扰。

活动场地的设施一般有秋千、吊篮、跷跷板、滑梯、能攀爬的各种架子，模仿农家田园景观的水车和水渠，过家家的小屋子，小桌子，小凳子等等。场地大小不同，活动设施多少也不一样，大的多些，小的少些。

· 图1 置于球场旁边的沙池

· 图2 烧烤炉旁边的沙池

结冰季节，在较平坦的空地上，洒上水，就制成一个户外滑冰场，儿童随时进入，十分方便。

这里，童真的儿童们在各种各样的活动场地中收获着童真的乐趣。

二、风格简约、朴素

简约、朴素是大自然教导我们的最基本原则。简约的设施是最自然，最美和最富有生命力的，也是欧洲一些城市中儿童活动场地和活动设施给人留下的综合印象。

那里的儿童场地大都保留着原有的地貌，要么是起伏的草地，要么是不大平整的沙土地，没有特殊要求，很少铺装。

搭建活动设施的木构件一般保持自然本色，不加修饰，弯曲也好，树节子也罢，一样使用，甚至发挥着栋梁作用。它们自然、粗犷，让人看起来舒服，如图3～图8。有些设施，由于要求特殊造型或承载某种活动项目的需要，也只是做到写意为止，如例六中的斜屋和例十二中的"人头"等（图9～图11）。

• 图7 小木屋（例二十六）

• 图8 木桩桥（例四）

• 图9 斜屋（例六）

• 图10 "人头"（例十二）

• 图3 拉扛（例三）

• 图4 秋千（例二）

• 图5 吊篮（例二十）

• 图6 "河"中的船（例二）

• 图11 "人头"（例十二）

活动设施经济实用。一般在满足功能的同时，往往有事半功倍之效。如图12，滑梯支架与秋千支架结合，不仅省去了滑梯支架，而且彼此更加稳固。滑梯的形式因此也别开生面。又如图13，将滑梯搭在过家家的坡屋面上，不仅省去了滑梯支架，而且设计很有新意。

另外，他们很会利用一些乡土元素，如土包、土坎；自然元素，如树、灌木、野草等开发活动项目，使运动设施与自然交织融合，营造半村半野的田园式景观。如图14~图16，他们将滑梯就势搭在土坡上，儿童爬坡而上，再从滑梯滑下，形式简约，造价低廉，使用永久。这种处理十分普遍。其中，图14将滑梯顺势搭在野草丛生的土坡上，儿童踏着野草掩映的木台阶上坡，很有一种田园野趣。

图17是在树上吊一根均匀打结的绳子，就成了一个"爬杆"。图18、图19是将摇床拴在树上，摇床荡起时，有种在自家院里的浪漫、温馨感觉。这些活动设施朴素且家庭化。

儿童活动场地周围的边界除了被楼房和住宅包围的之外，一般是用树丛、树群自然围合，或是绿篱怀抱半遮半露。也有将活动设施绵延散落在树林、山野之中，完全与大自然交融，如例二十三卑尔根儿童活

• 图12 滑梯支架与秋千支架结合（例三十一）

• 图13 滑梯搭在过家家的坡屋面上（例三十一）

• 图16 滑梯搭在土坡上（例六）

• 图18 将摇床拴在树上（例十一）

• 图14 滑梯搭在土坡上（例二）

• 图15 滑梯搭在地坪的高低差处（例二十二）

• 图17 在树上吊一根爬绳（例四）

• 图19 将吊篮拴在树上（例三十）

动场地。这些活动场地面向全社会开放，随时进入，儿童活动十分方便。只有幼儿园是全封闭的。被楼宇和住宅包围的儿童活动场地，用它简约、朴素、粗犷等的品质，给人一种半城半村的景观效果。

活动场地的主入口，一般只有简朴的标志，或用拟人化的动物雕塑把门。而这些标志、动物雕塑往往又被周围的树、灌木、野花、野草簇拥着，如图20、图21。

简约、朴素是一种美德，也是人类生存和生活的基本原则。简约、朴素的儿童活动场地是通过利用自然，保护自然和与自然环境融合而得到的。这种场地为儿童提供了接近自然的机会，也是教育儿童热爱自然、尊重自然的课堂。儿童在这里受到抚育，在身体上、心理上、精神上得到滋养、孕育、启发和激励。

三、注意使用生态、环保的材料及废料

随着城市化进程的加速，人类的生存环境受到严重挑战。空气污染，土地沙化，森林减少，湖泊萎缩，乡村景观消失等等。1972年6月5日，联合国在瑞典首都斯德哥尔摩召开了人类环境会议，并通过了《人类环境宣言》，提出将每年的6月5日定为"世界环境日"。从此，全球兴起保护生态环境的高潮。

保护环境，关爱自然从儿童潜移默化的教育开始。欧洲一些城市的儿童活动场地，其地面一般是沙土地或草地。活动设施安置在沙地、草地或软木树皮中。这些都是可塑的、柔软的，或有弹性的，不仅可以使儿童在活动中"软着地"，保护儿童免遭摔伤，而且都是生态的、环保的材料，都是大自然给予的可再生材料。

活动设施大都是用木料搭成的各种支架，用旧轮胎做成的秋千，用麻绳编织成的吊篮和能攀爬的绳梯、绳网架，用废管子做成的水渠和能钻、能藏的洞穴等等，如图22～图27。

· 图22　木支架

· 图23　木浪桥

· 图20　双鸭把门（例二）

· 图21　场地入口的鳄鱼（例三）

· 图24　上滑梯的石路（例二）

· 图25　废管子做成的水渠（例三）

• 图26 废轮胎秋千（例十）

• 图27 利用废弃的船制作的可钻、可爬的设施（例十二）

• 图28 搭在土包上的双滑梯（例十六）

• 图29 住宅院中供儿童活动的"山"（例十五）

总之，这些都是就地取材，废物利用，既是生态的，也是环保的。尤其常常见到的"山包"运动设施，大都是用建筑垃圾堆成的，表面再盖上土，撒上点草籽，一场雨过后，绿绿的一片。孩子们爬山、踢球、滚球，甚至骑车……不怕摔，不怕碰的。有的为了增加爬山难度，一面抹光，在另一面顺坡塔上滑梯……构成一个既简约又节材的运动设施，如图28~图30。

图31~图33是半球体或山包形的活动设施。这种设施经济、实惠、坚固、稳定，一次做成，可以"一劳永逸"。根据其表面材料的不同及单体和群体之分，孩子们创造出了许多不同的活动形式，很受儿童的喜爱，也是一种常见的运动设施。

总之，让孩子们从小在自然、生态的环境中成长，会在他们心灵中埋下一棵"这些东西应该是这样的"种子。这棵种子随着他们的长大而长大，然后开花结果。那么热爱自然，保护生态环境就会成为他一生的自觉习惯，作为一个群体，就是一个民族的自觉行动，最终，成为一个民族的文化。

• 图30 大山的"两面性"。一面提供儿童活动，一面植草种树（例九）

• 图31 图中前面的设施是表面十分光滑的金属半球体。后面的设施是一环形山，表面抹光，顺着坡势有一滑梯（例一）

• 图32 大山（例九）

• 图33 群山（例五）

四、活动设施具有挑战性

儿童年龄不同，心理、生理特征不同，适合活动的设施也不一样。二三岁的儿童，其活动设施相对小些，简单些，四岁以上的儿童，其运动设施难度大而复杂些。但是无论他们大小，这时往往都有好摸，好动，以及喜欢探索、喜欢冒险的独特习性。如图34，一个孩子下面有好好的凳子不坐，爬到屋面上坐着。图35，供儿童玩沙的平台，儿童把它作为登高设施，一个个登上去，从屋面上往下跳。又如图36，图中儿童有适合他的梯子不上，非要到他腿脚够不着的梯子上去试试等等。

　　因此，结合他们的这些特征，营造适合他们年龄的活动设施更能提升他们的兴趣，满足他们的生理、心理需要，更有利于他们的成长。

　　在欧洲一些城市的儿童活动场地中，除了设有适合不同年龄需求的常规活动设施之外，还有适合他们年龄的，并具有一定难度和挑战性的设施，或设施中含有一部分这样的内容，如图37～图43。

• 图34 孩子爬上屋面（例五）

• 图35 从那么高的屋顶敢往下跳

• 图37 给孩子们留了一条登高的路，但不是一条平坦的路，能者居上（例十六）

• 图36 脚够不着也得试试（例二十四）

• 图38 屋面钉上脚蹬，创造了上屋脊的条件。这种在斜面或垂直面上钉脚蹬，供儿童攀爬的做法非常多见（例七）

• 图39 在离地80cm左右，水平拴一条窄窄的编织带，叫孩子试试自己的胆量（例七）

• 图40 将一个梯子横搭在两个高高的攀爬架顶上，构成一个拉杆（例三十一）

图41

图42

• 图41和图42 将两个不同的设施用绳子连接起来，创造了一个"索桥"。图中两个孩子正分别过桥（例十二）

•图43 在沙池中栽一根木柱，上面钉上脚蹬，孩子们就会顺着柱子往上爬。然后根据自己的能力，从不同的高度跳下来（例四）

这种实例非常之多，从实例中可以看出，儿童不论年纪大小，在不同程度上都有好探索、好冒险、好挑战的特点。在设计运动设施时，应结合儿童的这些特点，使设施具有适合儿童年龄的挑战性。他们认为自己能做到的，有把握的，他们既会毫不示弱，也会小心翼翼，精力集中，认真对待，挑战自我。当他们做到了，他们会非常自豪，非常快乐。应该放心地让他们去挑战自我，只要设施是安全的，他们就是安全的。因为，保护自己的本能反应是人类的天性。为了证明这一点，心理学家曾经做过一个著名的儿童视觉悬崖实验。实验装置是这样的：一块黑白棋盘式的铺板，突然缺了一尺左右，上面覆盖着一块玻璃。把刚会爬的婴儿（6.5～15个月）放在上面，尽管妈妈在对面招呼他们过来，但有90%以上的婴儿仍然躲避着较深的一侧（悬崖），拒绝冒险前进[1]。可见，保护自己的本能反应是与生俱来的。

应该放心地让儿童在自然环境中，在活动场地上来挖掘自己的潜能。这样有利于锻炼他们的意志和勇敢，克服自卑心理，增强自信心和培育乐观向上的精神，在具有挑战性的运动中获得开心快乐。

五、具有知识性

学前儿童的智力发展主要是通过感觉信息得到的。他们只有亲眼看到过的对象，才容易形成思维和记忆。而活动场地是促进他们智力发育的重要课堂。

在欧洲一些城市的儿童活动场地上，经常会看到一些对儿童来说具有一些知识性的活动设施。这些设施诱发儿童的学习兴趣，并激发儿童的好奇心和求知欲。受到儿童的欢迎和喜爱，比如图44，利用建坝蓄水原理，在大河旁边挖一水渠，并在水渠上游装一闸门，控制水渠中的水量。开闸时，水通过闸门入渠，最后归入大河。开闸、关闸均由儿童自己操作。

图45，引水灌溉。地下水通过手动压水机将水压出，经过水渠流入"田"中。这是在儿童活动场地最常见的设施之一。只是形式大同小异，又如图46。

图47是挖土机。利用机械将土从一个地方搬到另一个地方。

图48，搅拌传输系统。沙与水搅拌之后，通过螺旋棒带到传输系统，最后传至"叶轮"，使其转动（做功）。

•图44 开闸放水（例二十七）

•图45 引水灌溉（例三）

•图46 压水机压水（例二十五）

① 胡正凡 林玉莲编著。环境心理学（第三版）。北京：中国建筑工业出版社，2012　P44。

• 图47 挖土机（例二十）

• 图48 搅拌传输系统（例二十四）

• 图49 七音棒（例二十四）

• 图50 出入口处的山妖（例二十三）

图49七音棒。按顺序分别敲击一个个的金属棒会听到1、2、3、4、5、6、7美妙的音乐。儿童通过这个设施可以初步知道音乐的七个基本音律等。

总之，孩子们在操作这些设施时，不仅活动了身体，得到了快乐。同时对其产生了好奇和浓厚的兴趣。这种好奇和兴趣促使他们积极主动地观察和探索，总想知道为什么。观察和探索的过程也是学习知识和了解知识的过程。这对于促进儿童的智力发展是非常有益的。

• 图51 出入口处的熊、猪、猫（例二十一）

• 图52 出入口处的彩虹门（例二十八）

六、具有趣味性和艺术品位

儿童活动场地服务的对象是天真烂漫、生气活泼的儿童。基于这一特点，在欧洲一些城市的儿童活动场地上，除了有与之相适应的活动设施而外，还设置了一些拟人化的动物、植物、卡通人，以及具有艺术品位的雕塑小品等，将儿童活动设施与童真文化有机结合在一起，加强了儿童场地的标志性。同时，为场地增添了趣味和艺术品位，丰富了场地的内涵。其一般设置的特点有：

• 图53 树丛中的山妖（例二十三）

• 图54 大鳄鱼

• 图55 草上蛇

• 图56 卡通人（例二十六）

（a）设置于场地的出入口处，如图50～图52，使儿童活动场地的标志性更强。

（b）设置于场地边边角角和空地处，如图53～图58，增添了场地的童趣，诱发儿童想象和联想。

• 图57 浮出"水面"的蛇（例二十七）

• 图58 "池"中鱼

(c) 与活动设施结合设置,如图59～图64,增加了活动设施的趣味性,使之更加生动、活泼,引儿童更加喜爱。

(d) 注意对儿童的艺术熏陶

儿童活动场地不仅满足功能要求,还注意到对儿童的艺术熏陶。这不仅渗透在场地上,融合在设施中,而且在适当位置,还进行适当的渲染和描述。如图65～图70。这些处理增加了场地的美感和气氛,使儿童在潜移默化中受到感染,对陶冶儿童艺术情操奠定基础。

• 图59 恐龙与滑梯组合

• 图61 海鸥与弹簧凳结合 (例二十七)

• 图66 人雕与荡木 (例三)

• 图68 三个荷叶搭成一个凉棚 (例二十七)

• 图60 树枝与攀爬架结合 (例二十八)

• 图62 蛇雕围合的沙池 (例二十一)

• 图67 小屋与老翁 (例十四)

• 图63 水果与坐具结合 (例三十一)

• 图69 老槐树说话了 (例二十六)

• 图64 贮物箱与滑梯结合 (例十二)

• 图65 人和鱼 (例十一)

• 图70 爬上柱顶的蛇 (例十四)

七、因地制宜，设计先行

修建一个儿童活动场地，应该像承接一项建筑工程一样，因地制宜，设计先行。

在欧洲一些城市，几乎找不到完全一样的儿童活动场地和活动设施。尤其丹麦，儿童活动场地随处可见，如院落、社区、街道、绿地、幼儿园和小学校等。它们的活动场地都因其位置不同、大小不一，各自有独具的特点。这些场地除幼儿园和小学校外，全都是向社会全天开放的。儿童可以选择到自己喜欢的场地上活动。幼儿园的老师也经常组织儿童更换活动场地，以保持儿童的新鲜感和活动的激情。

一个儿童活动场地设计的品质如何，反映了承建人、设计人的水平和用心程度。那些工厂标准化生产、现场组装的活动设施千篇一律，往往是冰冷和面无表情的，引不起儿童的兴趣，而不受欢迎。在欧洲较为少见。那里的儿童活动场地一般均由设计公司设计。如本书中"哥本哈根儿童活动场地之二"和"哥本哈根儿童活动场地之十二"是由Monstrum设计公司设计。该公司主要设计儿童活动场地，并曾获得2012丹麦设计奖：城市最佳设计。图71和图72是奥尔堡某儿童活动场地正在按图纸施工的情景。

图71

图72

• 图71、图72 正在按图施工中的儿童场地。

第二篇　实　例

一、奥尔堡儿童活动场地之一（图a～图f）

该活动场地位于海滨与某街道之间。设施由环形"山"、金属半球体、转盘、沙地步汀及摇锅组成，见图a和图b。它们造型各异，却又用同一种元素——圆将"大家"协调在一起，构成美观而醒目的一处城市景观。这组景观既是海滨雕塑小品，各自又具有独特的功能。它们外形简单，但孩子玩起来却有一定难度，惟有步汀较"温和"些。儿童可以在上面走步，练平衡，又可当坐具。

• 图a 活动场地部分设施景观——从后向前依次为环形山、金属半球体、转盘及步汀。

• 图b 摇锅——三个摇锅像洒落在沙滩上的大锅天线，在阳光的照射下发着银光。

a	b
c	

• 图c 摇锅是孩子很喜欢的活动设施，坐在里面利用自重摇来摇去，东倒西至，很有乐趣。

d
e
f

• 图d　环形山和金属半球体。

环形山——外表水泥抹光，并取黑白相间环纹，更突出了它们的环状外观，同时增加了美感。左边顺"山"势搭一滑梯。由于"山"表面光滑，下山容易，上山难。

金属半球体——表面非常光滑，要上到球顶，比上环形山更难，要靠两腿走下来，就难上加难。

• 图e　转盘——转盘特别灵敏。受一点力就会转动，想找到平衡站稳很不容易。

• 图f　小小儿童要上金属半球体得靠妈妈帮助。

二、奥尔堡儿童活动场地之二（图a～图t）

该活动场地位于某一市民休闲绿地之中。设计者以结合地形、保护自然环境为理念，围着场地中的半土半野的土包开发了一系列的儿童活动项目，布置了有关活动设施，如：滑梯、爬土包的各种路、水渠、索桥、河道及为进一步丰富场地景观而设置的"船、鸭、乌龟"等雕塑小品，深得儿童喜欢。不仅附近儿童在这里活动，幼儿园、小学也常组织到这儿来。

· 图a 在活动场地出入口，高高地"屹立"着两个背靠背的"鸭子"，成为活动场地的标志。

· 图b1、图b2 给长着青草的土包修上台阶，把滑梯斜靠在土包的另一面。

这里，地处城市，犹如田园。让天真的孩子们从小沐浴在自然的怀抱里；沐浴在朴实的环境中。

c
d
e　f

• 图c　把绳网架顺势搭在土坡上，孩子们攀着绳网架上坡。

• 图d　上到坡顶的孩子，从滑梯上向下滑。宽宽的滑板，一次可以并排两三个孩子同时滑。孩子们喜欢群玩。这样增加了他们玩耍的兴趣。

• 图e　用原木做成一个索桥，安置在土包脚下。是孩子们非常喜欢的运动设施。

• 图f　顺着坡势铺些自然石，不仅使环境更加自然，也是一条上坡的路。

g
h
i

• 图g　在土包顶上挖一口"水井"，井边装上压水机，并将原木挖成水渠，使"水"从土坡上面顺着水渠流入"河中"。

• 图h　这是一条"河"。河道弯弯曲曲。河里有"水"（以沙代水）。孩子们常喜欢沿着河道在"水中""趟水"、游戏。

• 图i　河里有船。船是孩子们很喜欢的坐具和玩具。

在场地中，只要你留神，就会碰到一些可爱的"动物"，如乌龟、鹅、鸭、蜗牛、鸟等。这些"动物"虽然粗陋，但很富有情趣和意趣，都是儿童熟悉和喜欢的动物，能引起儿童的热爱、想象和思考。而且这些动物也为儿童活动和嬉戏增添了内容。

• 图j 草地中有"鹅"，有"鸭"。

• 图k 河中有"乌龟"。

• 图l 河边有"蜗牛"。

• 图m 岸边有"鸟"。

• 图n 跑到绿地深处的"丑小鸭"。

• 图o 散落在草地中的木筏，玩累了，忙中偷个闲。

p	q
r	
s	t

• 图p~图s 孩子们在场地中活动、嬉戏。现已深秋，天气很冷，但羽绒服散落一地。图r中，孩子们玩累了，在索桥上休息。有的讲，有的听，表情十分可爱。

• 图t 可爱的三个孩子，跑过来非要叫给她们照张相。她们那么健壮、天真、活泼，做一个纪念吧。

三、奥尔堡儿童活动场地之三（图a～图n）

该活动场地位于别墅区，主要为该区的孩子服务。设施有滑梯、拉扛、秋千、吊篮、荡木、跷跷板、攀爬网架、"压水机"及水渠等。整个场地风格古朴粗犷，且充分地利用自然，又融于自然之中，看起来是那么舒服愉悦，既是一个供儿童运动的设施，又像件艺术品，它也让人感受到了"原始"的美。

a
—
b

• 图a 活动场地出入口景观——鳄鱼"把门"。

• 图b 水渠出水口——在一块高起的地面上模仿早期的农村取水方式，设置了一个人工抽水机，压出的水经过长长的水渠自上而下的流淌。实际上压不出多少水，仅是提高了儿童活动的兴趣，也为培养儿童从小了解自然，触摸自然提供了场所和条件。

$$\frac{c}{\frac{d}{e}}$$

• 图c　滑梯与绳网架的组合设施——滑梯架在粗犷的原木支架上。绳网架也是上滑梯的一条路。

图右边有上下两个平行的绳，下面一根是"独木桥"上面一根是扶手。

• 图d　从另一个角度看绳网架——从图c可以看到绳网架左侧的两个竖向支架是一对"罗圈腿"，到上面正好靠拢，对支撑横梁带来方便，物尽其用。

• 图e　人工抽水机及水渠。

• 图f 场地一
角——在枯树
上雕刻的人物
与她背后的荡
木像一组可爱
的艺术小品，
为场地增加了
趣味和艺术魅
力。

• 图g 粗犷的支架"站"在那儿，"憨实、纯朴"，叫人百
看不厌。

• 图h 跷跷板——如此的"原始"，恐怕在其他地方很难找
到了。

$$\frac{i}{j}$$

· 图i 拉杠——竖向支撑的树杈和树节子在这儿派上了用场。对个子不够高的孩子蹬着树节子就够着了。不用人帮助。

· 图j 场地一角——近处，滑梯与绳网架组合设施，也是孩子们"居高临下"眺望、观景的"休闲之地"。远处，拉杠、荡木。

• 图k 廊桥——在低洼处铺了一个长长的架空木栈道，并在上面建了一个古朴的廊桥。在栈道一端（图右）不经意之中，会碰上一支"蜗牛"趴在木墩上。

• 图l 秋千。

• 图m 滑梯的背面——孩子们喜欢骑在粗壮的大梁上玩耍。大点的孩子常踩着树疖子上梁顶，就像农村儿童爬树一样。这儿是他们的天地。他们在这儿获得快乐。

• 图n 踩荡木——一个高高低低、弯弯曲曲的木头，增加了运动的难度。

四、奥尔堡儿童活动场地之四（图a～图f）

活动场地位于某一社区绿地。该绿地中心有一生态湖。湖水清清，波光摇曳，倒影憧憧，飞禽、水禽此起彼落，景观很好。此活动场地就位于湖边一处。主要有沙池，爬竿、爬绳、吊篮、木桩桥及转动设施等。

• 图a 自然的河道形沙池——沙池周边用宽宽的"木栈道"围合。在场地的适当位置点缀着蓝色的球雕，沙池中置有一个。对小小儿童来说，它具有能坐、能扒等活动功能，也是一个装饰。

• 图b1、图b2 转动设施——可以几个人同时玩，或由他人帮助，或自助转动。

• 图c1 在四周长满青草的土台上做一个沙池，并在沙池中"栽"上一棵钉有脚蹬的木柱。

• 图d 树上拴一绳子，并隔适当距离打上结，以助儿童攀爬。

c1 | d
c2 |

• 图c2、图c1木柱上的脚蹬可以帮助儿童攀登。儿童根据自己的能力登到一定的高度，然后跳下来，如图所示。锻炼儿童的无畏和勇敢。

e
—
f

· 图e 木桩桥，在环境中犹如一幅美丽的画。图中，孩子们正在踩着木桩桥过"河"。

· 图f 一个形式丰富的攀爬架。其中上面的一些活动部件是不多见的，如架上有方向不同、高低不一的摇椅；有绳网构造的摇篮等，受到儿童的欢迎。

五、哥本哈根儿童活动场地之一（图a～图l）

这是哥本哈根市某小学的活动场地，紧临街道，向城市开放，尤其周围居民与之共享。场地设施主要有山包群、滑车、综合活动设施、沙池、过家家的小屋及球场等。场地中的山包群引人注目，它不仅位置突出，且"量大面广"，并涂有鲜亮的色彩，与环境形成对比。它虽造型简单，但单体多次重复的有致排列，形成一种美，既是活动设施，又是环境的装饰物，并能同时供多个孩子同时玩耍嬉戏。

学生们课间喜欢在"山中"放松，爬来爬去，你追我赶；喜欢"占领山头，居高临下"；喜欢在"山顶"聚集、聊天，甚至做作业。所以一般这里的人气最旺。

• 图a "占领山头，居高临下"。

• 图b 在"山顶"上放松。

• 图c 在"山顶"做作业。

• 图d 滑车全景——儿童坐上滑杆，靠自重从高端滑向低端。高低两端均有制动轮，起保护作用。两端之间全长约25m。

• 图e 滑杆的高端设计。

• 图f 滑座。

• 图g、图h 球场——篮球场和足球场合二为一。篮球架支在足球门上方，一个场地适于两种运动。它们均比正常设施小一号，适合小学生使用。

- 图i 综合运动设施——可攀爬、可拉可吊、可登高、可练平衡等等。

- 图j 过家家的小屋和桌凳——这是一般欧洲儿童活动场地均有的设施。儿童最喜欢登高爬低。图中的儿童有屋不进。爬上了屋顶。设计者应注意为他们提供可攀爬的条件。

- 图k 河道形沙池。

- 图l 位于教学楼后面的一组山丘。

六、哥本哈根儿童活动场地之二（图a～图j）

　　该活动场地位于居民院落中的两排住宅楼之间。活动设施主要有吊篮、秋千、滑梯、索桥、拉扛、过家家的屋子及曲臂转等。其中过家家的屋子是"三幢斜屋"，别开生面，很有情趣。估计这是设计者与建造者深受《哈哈镜世界里的斜屋》影响或启发，并富于童心和想象的结果。三幢斜屋的组合每面都有看点，其中两幢是下店上房，第三幢为"纯住宅"，如图所示。看来，这种《哈哈镜世界里的斜屋》不仅出现在波兰的索波特，而且再现于丹麦哥本哈根的儿童

活动场地之中，并将"斜屋"集生活体验及儿童活动设施于一身，创造出十分生动、可爱的造型，深受儿童的喜爱，也成为该住宅区的一个亮点景观。

　　另外，供婴、幼儿玩耍的滑梯很自然地就势搭在小土包上，既安全，又可爱。

　　该活动场地由丹麦主要设计儿童活动场地的Monstrum设计公司设计。该公司曾获2012丹麦设计奖：城市最佳设计。

• 图a 从东南面看斜屋，像两个头戴帽子的顽童。他们瞪着大眼，张着大嘴，身体弯曲，相互拉扯，像在表演滑稽戏，诙谐有趣。

• 图c 图b中右斜屋南墙面景观。

• 图b 从西面看斜屋——左右两幢斜屋均属下店上房。从右斜屋门上的匾额看出，这是一个"小卖部"，北墙挂有面包圈标志。左斜屋的一楼是经营冰淇淋的专卖店，墙下有冰淇淋标志。两幢之间有索桥连通。它们的二层均有独立出入口。右斜屋除了可以爬南墙的梯子上二层外，也可以攀着西墙上的脚蹬爬窗进屋。

• 图e 图d中左斜屋的东北面景观。

• 图d 从东北面看"斜屋"——图中，右"斜屋"入口墙面上布满脚蹬，儿童可以攀着上屋顶。其窗额上有专卖店的匾额。左斜屋为"纯住宅"。左右两"斜屋"之间装有活动设施——金属拉扛。

```
    f | g
    ──┼──
    h |
    ──┼──
    i | j
```

· 图f、图g "斜屋"局部。

· 图h 婴幼儿用的小滑梯，搭在小土包上。

· 图i 吊篮与秋千。

· 图j 曲臂转——儿童站在下面的圆盘上，手扶曲臂，可以使之旋转。

七、哥本哈根儿童活动场地之三（图a～图f）

该活动场地位于城市某街旁绿地。活动设施主要有综合活动设施、"独木桥"、过家家的小木屋、荡床、秋千等，主要为附近住区居民使用，也常有其他社区的幼儿园老师组织园内小朋友前来活动。

a
／
b

• 图a　综合活动设施——它体形庞大，构件较多，除了一个低矮的小滑梯外，主要有各种横、竖、曲、直杆件供儿童攀爬和下滑。另外还有"绳索桥"、"隧道"等。

• 图b　"独木桥"——桥面用粗绳编织而成，宽约5cm，离地60cm左右。锻炼儿童的平衡力和胆量。

```
    │ c
d1 │ d2
────┼────
  e │ f
```

• 图c　小型综合活动设施——滑梯及各种攀爬架。其中拉着绳子上滑梯是处理的经典——要想滑滑梯，得先出把力气，它可以锻炼儿童的臂力和毅力。

• 图d1和图d2，顺应儿童特点设计的可上屋顶。

• 图e　荡床。

• 图f　秋千。

八、哥本哈根儿童活动场地之四——Faelledparken滑板公园（图a~图h）

该公园是北欧最大的滑板公园，位于哥本哈根主街道边，表面积1180m²，占地面积4600m²。由丹麦环境规划设计院从2006~2010年设计，2010~2011年建造完成，并交付使用，共花费了310万欧元。

该场地是开放型的，爱好者可以随时进入活动。

从6岁以上的初学者到专业人士均可使用。这里有初学者的练习场地（在这里可以得到免费指导），有专业人员训练场地，也有儿童娱乐场地等。每天都有许多的滑板爱好者在这里运动。场地上生龙活虎，尤其周末、节假日更是如此。

a
b

· 图a 总平面图，其中：1-服务中心；2-无障碍坡道；3-卫生间；4-低速滑道区；5-高速滑道区；6-碗形滑道区；7-垂直滑道区；8-周末免费技术指导区。（图中右下角图案为哥本哈根市徽标志）

· 图b 滑板场地一角——低速滑道区。远处树下场地为免费技术指导区。

• 图c 滑板场地一角——高速滑道区。图的右上角是周末免费技术指导处。

• 图d 滑板场地一角——碗形滑道区。

• 图e 垂直滑道。

• 图f 服务中心。其屋顶为观察平台，可以清楚地看到场地每个角落。

• 图g 周末免费技术指导区。

• 图h 卫生间。

九、哥本哈根儿童活动场地之五（图a～图u）

该场地处于某上下道之间，从图a开始到图u结束全长二三千米。活动设施主要有篮球场、吊环、滑梯综合体、秋千、滑梯、沙袋、攀登架，滑板场及休息桌椅，水景等。由于其间有两条横街穿过，将其分成前后三个部分。相对来说，前一部分是"黑色系列"，中间部分是"红色系列"，最后一部分是灰色的滑板场。

由于该活动设施多而丰富，又面临的街区较多，所以服务面积大，每天吸引许多儿童和成人前来活动。

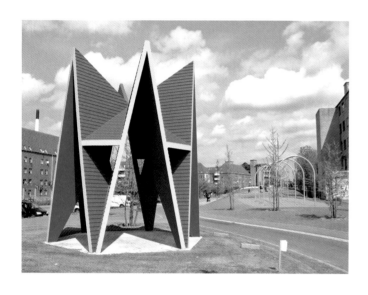

• 图a 活动场地从这里开始——标志性雕塑。

• 图b 成年人活动的篮球场。

• 图c 吊环。

• 图d1和图d2为"大山"。其中图d1为"大山"的正面，用水泥抹面，光滑；图d2为"大山"的背面，用绿化覆盖。它横跨在上下道之间，并切断了通向"大山"前后的视线。

该山的山脚处坡度稍缓，儿童常滑着滑板往上冲，但向上的2/3是陡坡，不是专业滑板手是很难上去的。就是徒步向上爬也往往功倍事半，成为孩子们比能耐的地方。

• 图e　活动中心场地的休息区之一。

• 图f　场地地面装饰一角——用白色曲线装饰地面，加强了活动场地的标志性和趣味性。

```
d1 |
d2 | e
f  |
```

• 图g 活动场地一弧形休息坐具。

• 图h 活动场地的八角形喷水池——面贴花样瓷砖。

• 图i 活动场地一组装饰椅。

• 图j 活动场地一组桌凳设置。

$\dfrac{k}{l}$

• 图k 滑梯综合体正面——以滑梯为主，另有一些孔、洞供儿童钻、爬、穿越。

• 图l 滑梯综合体背面——上滑梯除了侧面有阶梯外，背面还有"爬梯"。

m
n1 | n2
n3

• 图m　带状拉扛，也适于攀爬（上面标明中国制造）。

• 图n1～图n3为摇椅——它是两个金属环，上面用双杆连接，并分别吊上两个双座靠背椅而成（图n1）。将它们整齐地排列在一起，形成一道"透明"的管道式景观，见图n2、图n3（中国制造）。

由于摇椅摇起的高低不同，从不同角度看去，形成不同的景观。尤其有种群体"声势"引人注目。

• 图n1　为正视
• 图n2　为侧视
• 图n3　为斜视

· 图o 拳击沙袋——红篮搭配，十分醒目(中国制造)。

· 图p 锻炼臂力的一些杆件设施（中国制造）。

· 图q 象形滑梯（中国制造）。

· 图r 坐具景观——在儿童活动场地，休息坐具是不可少的，以供给家长及儿童等候或休息。坐具应该适用，并注意到它的造型与活动场地相适应。

围绕一棵大树设置的台阶式坐具，用红色涂料饰面，旁边置上红色的垃圾桶，组成一个休息区，完全融于"红色系列"之中。因它体量较大，又位于场地中央，故而突出，成为景观。

$$\frac{s}{\frac{t}{u}}$$

活动场地的末端以滑板场结束。滑板场又以双坡顶廊分成前后两部分。图S为前半部分。图u是后半部分，也是结束端，与商业街相连。滑板场内设有一些障碍物，为孩子们滑板增加了趣味和难度。

• 图t 双坡顶廊——该廊横跨在滑板道上，打破了滑道的单调感。从图中可以看到通过廊的长长的滑道。廊左面设一小卖部。廊下可以临时避雨。

• 图u 滑道后半部分。整个活动场地到此结束。前面是一条商业街。

十、哥本哈根儿童活动场地之六（图a～图d2）

该活动场地"藏"在住宅区的楼房之间。主要活动设施有攀爬架，过家家的小木屋、摇床、沙池、秋千等。这些设施是将未经加工修饰的原木钉在一起，使其具有了一种活动功能。他们保留着原木外观的自然元素——歪斜、弯曲和树节，保留着原有的、朴素的、粗犷的那份美，显现着一种古朴的乡村文化，与住宅区楼房风格形成对比。

$$\frac{a1}{a2}$$

• 图a1　从一面看攀爬架——可以看到有两个高度和形式不同的金属滑杆。

• 图a2　从另一面看攀爬架——可以看到，有4种高低不同，形式各异的攀爬方式。

b1
---
b2

· 图b1、图b2 过家家的小木屋——倾斜的坡屋顶，木板墙，门和窗开在山墙上。小屋用两个拟人化了的、细细的小腿和脚支撑着，十分可爱。

小木屋的造型自然、温馨，让人容易联想到森林中的小木屋，联想到童话中的小房子，联想到一串串的童话故事。

· 图b1 小木屋的正面。

· 图b2 小木屋的背面。

• 图c 摇床和沙坑。

• 图d1、图d2 秋千——该秋千与众不同。横梁上吊了两组秋千。其中一组吊了一个轮胎，另一组有三个轮胎组合在一起。这样可以供几个儿童同时玩耍，对小朋友之间和谐相处和增进相互交往是有益。

群体意识应该从小培养。其实，儿童活动场地本身就起着这样的作用。

十一、哥本哈根儿童活动场地之七（图a～图h）

这是某幼儿园的活动场地。主要设施有综合活动设施、沙坑、过家家的小屋、摇床、爬绳、秋千等。其中综合活动设施体量大，可供活动的内容多，对儿童很有吸引力，是这里的主要设施。它是由三个两层小楼和一个长长的滑梯组成。两两小楼之间用多种桥和架连接，它们的造型及门窗洞口的形式十分可爱，会使小朋友与儿童电影中拟人化的动物世界——小熊、小猫、小狗、小鸭子……联系在一起。孩子们在楼间爬上爬下，从洞口钻来钻去，犹如活跃在童话世界里。

$$\frac{a}{b}$$

- 图a 从背面看综合活动设施。
- 图b 从正面看综合活动设施。

• 图c　这是一条木船，船舱装载着沙子——这是活动场地的沙池；船上有船屋——这是孩子们过家家的小屋；船头有桅杆——上面挂着国旗。这是一条像模像样的船。船舱和船屋既满足了儿童活动的功能要求，又很有新意　。

• 图d　从船头看船体——船头有个"人"。从图e可看到"人"旁边有条"鱼"，它们的存在增加了环境的情趣。"鱼"对船的存在也起了提示作用。

• 图e　是秋天照的。哥本哈根的秋天是满地的金黄，满眼的秋色。他们追求的是一种自然、恬静，充满田园风情和浪漫的情调。哥本哈根市民对地上秋的落叶会保留很长一段时间。

$$\frac{f}{g}$$
h

• 图f 拴在树间的摇床。

• 图g 爬绳——绳拴在树上，借绳上树或说借树爬绳是孩子们很喜欢的活动。

• 图h 活动场地一角——图中的屋子是储藏室。储藏一些玩具和工具。储藏室外墙上装一球篮，供孩子们投篮用。图左近处是一个较大些的沙池，远处有秋千、桌凳等。

十二、哥本哈根儿童活动场地之八（图a～图p）

该场地是由一条木船和两个"人头"为主体，它们承载着一些活动设施，如攀爬架、索桥、滑梯。另有小滑梯、沙坑及秋千等组成。木船是将一条废弃的船根据儿童的特征和喜好进行了加工。如儿童喜欢钻、爬，故在船帮下部开洞；儿童喜欢攀登，则在船帮上钉上脚蹬；甚至还在船头装上望远镜，船上放门大炮等，深受儿童喜爱。两个巨形"人头"吸引孩子们的眼球。丰富生动的设施和一些具有挑战性的项目，无不反映出设计者的用心。它们不仅吸引周围儿童来这里玩耍，幼儿园也经常组织小朋友前来活动。

该活动场地由Monstrum设计公司设计。

a
—
b

• 图a 木船——从图上可以看到：船帮上钉着脚蹬，左右还各有一条绳，帮助稳定船的体位，也助于儿童攀爬上甲板。船帮上开有门洞，供儿童进入船舱。船帮上部有个炮筒从炮眼伸出。

• 图b 船体局部——船后部有十字交叉的两个船桨，各自有一端固定在地下，也是供儿童攀爬、玩耍和上船的一条路。

$$\frac{c}{d}$$

• 图c 木船的另一侧——从图上可以看到：船帮下部
左右各开了一个不规则的洞口，儿童可以方便地钻进
爬出；船头装有望远镜，船上有门大炮；拴在船上的
绳梯与"人头"连接起来，成为一个索桥，见图e。

• 图d 木船局部——适合儿童的特点，在船帮上开
的不规则门洞十分自然可爱。舱内是儿童活动的室
内空间，里面有些桌椅板凳，也是供儿童过家家用
的屋子。

• 图 e　两个巨形人头，一高一低。来自船上的绳索，固定在人头的脸部，形成索桥，供儿童从一边爬到另一边。其头的背面连着一个滑梯，参见图 m。它的眼睛与之相通。

• 图 f　巨形人头之一。

• 图 g　巨形人头之一。

h
—
i
—
j

• 图h　图中一个儿童正在艰难地从船帮通过索桥爬向高的巨人。

• 图i　图h中的儿童到达了巨人的脸部，并开始通过巨人的眼睛。

• 图j　图中显示，在高低两个巨形人头之间的两条平行绳上，一个儿童正在脚踩手拉地从一端"走"向另一端。

k
—
l
—
m

• 图k 沙池——将场地中那条船上的原装酒桶置于六边形的沙池中，像一雕塑小品，增加了沙池的可观赏性，又为孩子们玩耍增添了内容。

• 图e 场地一角——秋千、休息桌凳，远处是足球场。

• 图m 滑梯——紧贴高的人头背面设置，并且滑板有些与众不同，竖板很陡，从上面滑下来，很有刺激感。

$$\frac{n}{\frac{o}{p}}$$

• 图n 小滑梯——造型像个打开的箱子。正面五角形洞是入口，上滑梯的梯子装在箱子中。箱底铺有沙，孩子也经常坐在里面玩沙子。所以该箱子也是一个造型别致的沙池。

• 图o 休息廊——供家长等候、休息。

• 图p 某幼儿园今天在该场地中活动。图中部分儿童正在场地吃午饭——欧洲的幼儿园一般是没有午睡的，中午吃饭也非常简单，一般是三明治、面包涂酱（如涂三明治酱、果酱、猪肝酱等）。

十三、哥本哈根儿童活动场地之九（图a～图e2）

该场地垂直于城市主街。活动设施沿着进入住区的道路前后一字排开，面积不大，地段狭长。设施主要有滑车、吊篮、过家家的小木屋、滑梯等。

a
b1 b2

• 图a 滑车——滑车很适合设置在狭长的地段上。

• 图b1 滑车起始端造型。

• 图b2 为图b1的背面。从图中可看到上台子的脚蹬，也是唯一上台子的"路"。

- 图c 吊篮。
- 图d 坐篮——离地不高，造型像个篮子。孩子在里面可坐可躺，也常有三三两两的孩子在里面相对而坐，玩耍。

- 图e1、图e2 过家家小屋与滑梯的组合设施——两层高的小红房子十分可爱。屋脊上还有着没化完的"雪"，四面开的不同形状的小窗增加了小屋的趣味。小屋二层像住宅的屋顶间。尖尖的坡顶空间、柔和的光线使孩子们感到温馨，喜欢"躲"在里面玩耍。上滑梯有两条路：一是攀着图e2正面墙上脚蹬上，另一条是踏着图e1左墙的窗台和窗旁的两个脚蹬上。

十四、哥本哈根儿童活动场地之十（图a～图l）

该活动场地坐落于住宅院中。因离开该住宅不远，有规模较大的其他儿童活动场地，所以它的规模不大。主要设施有滑梯、"两幢"过家家的小木屋、攀爬架、沙池、吊篮、玩沙设施及一些伴随设施的木雕。

$\frac{a}{b}$

• 图a 活动场地一角——这是场地中的一个过家家的小木屋——一个"滨水小屋"。进出小屋都要过绳索桥。桥面因是绳结的，又无扶手，要想进出有一定难度，也是吸引儿童的兴趣点。桥边的"老翁"形象生动。这组活动设施也是场地引人瞩目的一景，很有些艺术品位。

• 图b 这是一个五边形的多功能攀登架。其中有垂直滑杆，倾斜滑杆和各种爬梯。顶部有绳网将五根梁之间的空间连接起来，供攀上去的儿童在上面活动和从一边到达另一边。

c
―
d
―
e

• 图c 该场地有一个小"山包",山包顶上有个亭,滑梯的一头搭在亭上。一幢造型可爱的小木屋建在"山脚下",见图e。

• 图d "山包"的另一面是一园林景观。"山"上置有树、石、木等,是儿童活动场地的一部分。

• 图e 这是图c中"山"角下的小木屋。看上去是一"水榭",有独木桥与外界连通。从图中的右面可以看到长满野草的上山路。

• 图f　活动场地一角——八角形沙池及池边要去饮水的两匹"马"。马也是儿童喜欢的坐骑。

• 图g　攀爬柱，也是场地一组竖向景观。中间柱上有一个蛇雕，见图h。这组景观虽登不上大雅之堂，但它体现了一种思想——场地无论大小，开动脑筋，物尽其用，用心经营。

• 图i 供儿童玩沙子的设施。

• 图j 吊篮。

• 图k 休息桌椅——这里不是说休息桌椅有多么好，而是强调休息桌椅是儿童活动场地设施的组成部分。在儿童活动累了的时候，要考虑到需要休息；儿童活动的时候，应考虑到家长等候的坐具。

• 图l 在"池边"饮水的"马"。

十五、哥本哈根儿童活动场地之十一（图a～图h）

该活动场地位于住宅院中，几乎占据了由四面住宅楼围合成的庞大院落。其内容主要有两座连绵的"大山"和散落在山脚下的滑梯、攀登架、沙池、秋千及过家家的小屋等。其中两座"大山"与众不同，也是该场地的特点和魅力所在——它是先用建筑垃圾堆起"山"体，上面盖上土，撒上草籽。几场雨过后，草长出来，绿绿的一片，草丛中夹杂着野花，空气中弥漫着青草特有的芳香。这种半土半野的生态环境虽是人造，宛自天成。人们不仅坐在草地上聊天，晒太阳，也成为孩子们很喜欢活动的场地，他们在山上能创造出五花八门的运动，比如图a～图d。

```
    a
b | c | d
```

- 图a　孩子们很喜欢在这儿比赛，看谁最先登上山顶，然后看谁从山顶下来的最快。
- 图b　几个孩子坐在一个滑板上往山下冲。妈妈帮着送一程。
- 图c　两个孩子正在比赛看谁从山上往山下滚的快。
- 图d　孩子们很喜欢享受骑着车子下山的快乐。

• 图e 滑梯——滑梯造型十分简洁，没有多余的构件。滑梯上面没有可站立的平台，仅有一个支持滑板的横梁。儿童从绳梯爬上去，拉着钢管扶手，坐上滑梯，立即滑下。

• 图f 攀爬架——攀爬架的构件越简洁，攀爬的难度就越大。中间前后两个黄杆是曲臂转，可以旋转360°。

• 图g 过家家的小屋——上下两层，楼上为"卧室"。楼下为"厨房"。小房温馨，如同别墅一般。

• 图h 过家家的另一处小屋。

十六、哥本哈根儿童活动场地之十二（图a～图m2）

该活动场地位于哥本哈根中心绿地，是该中心占地面积较大、设施也较为丰富的一个活动场地。场地中有多种形式的攀爬设施、滑梯、秋千、过家家的小屋等。它们古城堡般的造型、儿童玩具般的色彩，激发着儿童的好奇心和联想，它们在环境中很冲突，标志性很强，成为绿地一大景观，每天吸引众多儿童前来活动。

$$\frac{a1}{a2}$$

• 图a1 孩子们在"城堡"中钻来钻去，通过"过街桥"从一个塔楼到另一个塔楼，然后从滑梯或从各种滑杆上滑下。也可以踩着墙上的脚蹬攀爬。

• 图a2 某幼儿园的老师领着该园儿童正在这里活动。

b
c | d

儿童喜欢走高爬低，钻来钻去。图b、图c、图d是为儿童提供的各种高低、难易不同的攀登设施。为了增加趣味，有的地方还装有电子彩铃，供儿童玩耍。

· 图b 场地一角——各种攀爬和登高设施。

· 图c 带有彩铃的攀爬设施。

· 图d 缠绕在锥形塔外面的攀爬螺旋杆，是儿童最喜欢攀爬的设施之一。登到高处，可从右杆滑下。

$$\frac{e}{\frac{f}{g}}$$

• 图e和图f是图b中一些设施的细部。通过该图也可了解到设施所提供的活动。

• 图g是结合儿童好攀好爬的特点为儿童提供的另一种别开生面的攀爬架——适于攀爬的树。这是一个生动的、姿态丰富的、高低适度的攀爬架，一个有生命的攀爬架。不仅儿童喜欢在这里活动，而且其景观随着季节的变化呈现出不同的景观效果。

• 图h 场地中的一种活动设施。孩子可在上面行走，登高，锻炼身体的平衡能力。

• 图i 吊篮，多为小小儿童使用。

h	i
j	

• 图j 活动场地一角：远景——两个办家家用的小木屋。中景——用自然石围合的圆形旱池，也是座凳，供儿童围坐、游戏和家长休息。近景——两颗躺在地上的枯木，供小小儿童爬、走、坐等活动，也供家长歇息。它看似不多加笔墨渲染的随意放置，实际是一种用心设计。他将雕塑元素与应用功能融为一体，手法自然质朴，而与众不同，达到此处无声胜有声的效果。

• 图k 两个造型可爱的小木屋，很容易让儿童把它与森林和一些童话联系在一起。

• 图l1、图l2 攀爬架——攀爬架内部可供孩子办家家，下体部像被拦腰切开的半个西瓜，然后竖向再分成瓣，供多个孩子同时运动。而且这些瓣提供不同的攀爬方式，让孩子们凭着自己的"本事"选择，达到开心和快乐。

$$\frac{m1}{m2}$$

• 图m1 双棒滑梯。

• 图m2 双棒滑梯的支撑——大土包。也就是说，上滑梯必须先爬坡。但大土包四周光滑，上坡不那么容易，往往上着上着，或爬着爬着，一不小心又溜下来，造成"事倍功半"或者"从头再来"的结果。正因为如此不易，而引起儿童爬坡的兴趣，爬到顶上的儿童会十分高兴，甚至会有"了不起"的自豪感。这时对他们来说，从滑梯上滑下来，就不那么重要了。

十七、哥本哈根儿童活动场地之十三（图a～图q）

这是设置于城市中心绿地中的另一大型儿童活动场地。与实例十六遥遥相对，但在风格上又完全不同。它是将设施的功能与粗犷、有力、自然、简约的品格紧密结合在一起。从一个场地到另一个场地，有种耳目一新的感觉。该场地长约300多米，宽40多米，顺着绿地边缘排开。隔一条道路就是密集的住宅区。

场地可分六大部分。第一部分包括木桩桥、攀爬架、秋千和吊篮、荡木、吊桥、环形丘及一些转动设施。下面五个部分依次为：台地区、爬杆区、门式框架秋千区、篮球场、足球场区等。

$$\frac{a}{b}$$

• 图a 木桩桥——儿童活动场地从这儿开始——高低不同、疏密不一的圆木桩排成一条长龙，向导般地引领儿童进入场地。

• 图b 第一部分场地一角。

```
      c
   d     e
   f1  f2
```

- 图c　吊桥。

- 图d　吊篮和秋千。

- 图e　荡木。

- 图f1、图f2　攀爬架——上架顶有多种方式。图f1中，木板墙面上的脚蹬也是其中之一种。图f2中，一个儿童正在从平行滑杆上滑下。

• 图g　环形区——该地段上散布着一些大小不等的环形丘，有凹、有凸，供小小儿童攀爬和骑车儿童翻越。丘体上的红色环形纹突出了丘的体形，并起装饰作用。图左绿色高起的部分是台地区。

• 图h～图k为安置在环形丘间的各种转动设施。

11
___
12

• 图11、图12 为台地景观。台地约40m×30m，呈草绿色，高出地面约0.5~2.5m不等。

在高处星罗棋布着一些蹦蹦跳——活动器械。低处被沙覆盖，作为沙池，供儿童玩沙及游戏。

• 图13、图14为台地上形状不同、组合不一的蹦蹦跳。蹦蹦跳挖深约0.5m，顶上固定塑胶网片，弹性极好，又非常坚固。上面站满小孩或成人都没问题。
远处一片草地上是一个个的标准足球场地，供成年人使用。

$$\frac{m1}{m2}$$

• 图 m1、图 m2 爬杆区（约 40m×30m）—— 周围用板条围合起一个高约 50cm，宽约1~2m 不等的平台，用来限定范围，也作坐具。中间为沙池，群杆疏密有致地"栽"在沙池之中，柱与柱之间设有各种形式的绳网及杆件，用以攀爬。

• 图m3～图m6 爬杆区中提供的部分活动项目及景观。其中图m4的脚下滚棍可灵活转动，手不紧紧抓住绳是站不住的。

$\dfrac{n}{o}$

•图n 门式框架秋千区（约20m×30m）——该区用板条围合成一个面宽约40cm的一个台，既可做该区的围栏，又可作为坐具，供人休息。栏内铺沙，在沙上设置门式框架秋千和吊篮。门式框架作为秋千的支撑体高约5m，以红色装饰，在蓝天白云的衬托下鲜艳夺目。

当所有秋千同时荡起，景象颇为壮观。

•图o 足球场区——这是非标准的足球场地，共有4个，每个约7m×13m。球门突出在球场外，约0.5m×2m，见图。

$\dfrac{p}{q}$

• 图 p　场地一角——设置在沙池中的独木桥，可供儿童在上面走步，练平衡，也是供人休息的坐具。它高低起伏，聚散得当。在整个儿童活动场地中，凡是沙池，里面均有河石陪衬。提醒这不是河，就是湖，而沙就是水。它们不仅供儿童活动，也活跃了场景。

图左的小建筑是卫生间，男左女右，中间的是有顶的开放空间，可放童车。内有靠背椅，供人休息。这样的卫生间场地中有两个。

• 图 q　标准篮球场及部分球场围栏景观。

十八、哥本哈根儿童活动场地之十四——儿童交通学习园（图a～图cc2）

儿童是一个庞大的社会群体，也是祖国强盛的希望，所以我们应该对儿童特别地关心和爱护。其实，关心和爱护儿童也是爱国。丹麦对儿童的成长关心备至，各种活动场地近在咫尺，不仅使儿童随时有地可去，而且为提高他们的智力，强健他们的身体创造了条件。儿童交通学习园是其中之一。

该园位于城市中心绿地，是一个城市交通的缩影，生动且丰富，主要由道路（包括直行、各种拐弯、丁字路、十字交叉路、环岛等）、各种交通标志牌及一些简单的儿童活动设施（滑梯、秋千、攀爬架等）组成。每天都有家长带着骑车或"开车"的孩子行进在这个"城市"中，认识和熟悉着各种道路行驶规则与交通标志，从小进行道路安全行驶教育，利国利民。

$\dfrac{a}{b}$

• 图a "城市"主干道——包括人行道、自行车道、汽车道、环岛、直行、十字交叉路及相应的标志、标志牌、斑马线、自行车和汽车等候线等。

• 图b 场地一角。

· 图c 人行横道（斑马线及标志牌）、上下道的公交车站（标志牌、等候坐椅及公交巴士停车位）。

· 图d "城市"中的一条小路——地面上印着"我爱哥本哈根"成为这个儿童交通学习园的标志。在这个"城市"的地面上多处可以看到，既有意义，又有创意。

```
  c
d | e
```

· 图e 主干道局部——自行车道及标志、环岛处的汽车及自行车等候线、环岛标志牌及限速告示（时速30迈）。

f

g　h

i

・图f　车辆拐弯与直行标志、交叉路口指示灯等。

・图g　"城"中小路交叉路口的一种标志形式——指示灯及四面人行横道。

・图h　汽车停车处。

・图i　停车库。

• 图 j　环岛及环岛标志牌——图中还可以看到人行横道的斑马线及汽车等候线等。

• 图 k　十字路口的交通标志——指示灯、人行横道斑马线、汽车及自行车等候线等。

• 图 l　场地一角——从图中可以看到人行横道斑马线和其标志牌，汽车等候位置（欧洲，没有指示灯的人行横道，行人随时可过，汽车让人）。
图左为人行道、自行车道及路面标志。

• 图 m　加油站标志。

n
o
p | q

- 图n 丁字路口及其标志牌、汽车道和自行车道及其等候线。

- 图o 人行道及自行车道标志和标志牌。

- 图p 在没有指示灯的道路交叉处，车要停一下（见△停位），确定前进路上无人无车，再行。

- 图q 学校标志牌，提醒司机注意。

- 图r 儿童模拟骑车过桥。

- 图s 道路拐弯及标志牌。

- 图t 场地一角。

- 图u 场地中适合儿童使用的垃圾桶。

v
w | x
y | z

· 图v S弯道及其标志牌、人行横道、汽车等候位置等。
· 图w 擦车、打气处(左为自行车打气筒)。
· 图x "城市"休闲广场及其标志牌。
· 图y 图左为儿童过家家的小屋。图右为场地中的家长等候处。

· 图z 自行车打气泵。

```
aa
―――
bb
―――
cc¹ | cc²
```

在儿童交通学习园中，利用一块边角，设置了一些活动设施，如滑梯、吊篮、攀爬架、沙池、过家家小屋等。提供给随家长来的不会骑车的小小儿童玩耍。

· 图aa　滑梯——滑梯安置在小土包上。土包表面用粗糙的塑胶覆盖，四面均可以上。

· 图bb　吊篮。

· 图cc1、图cc2　攀爬架。

十九、柏林儿童活动场地之一（图a～图k）

　　该活动场地紧邻道路，活动设施有滑梯、跷跷板、攀爬柱、秋千及可以攀爬的各种筒体，主要为周边的儿童服务。由于这些设施的颜色靓丽，并且有标志性，也常常吸引过路儿童前来活动。该活动设施地处市中心区域，它的最大特点是功能性与装饰性相结合。尤其不同颜色的攀爬柱有疏有密、有斜有直、有高有低、有粗有细，并遵循着一定的章法组合在一起，产生了一种美感，犹如雕塑一般，美化着环境。整个场地设施的风格在协调、统一中又有变化。作为儿童活动场地，是一种别开生面的设计。

```
  a
 ┌───┐
 b │ c
```

・图a　场地一角——从图中可看到滑梯造型简约，设计新颖，活动体现出一定的难度。

・图b　场地一角——从图中可以看出上滑梯的梯子。

・图c　滑筒。

d
e
f g

• 图 d、图 e 综合活动设施——主要提供攀爬、拉扛、滑杆等运动。它们的排列组合及色彩搭配很有装饰性，也是环境中的雕塑小品。

• 图 f 平衡木——彩条装饰的短柱看是随意摆放，但两两平行，"乱"中有序。其主要供小小儿童或爬，或坐，或做平衡木训练。

• 图 g 跷跷板。

• 图 h　吊篮——小小儿童最喜欢的运动
设施之一。

• 图 i、图 j　场地一角——各种彩色柱
那种"洒脱"的姿态及不同大小筒体的
"随意"放置，既美观又适用，并为环
境增添了休闲放松的氛围。

• 图 k　彩色柱秋千。

二十、柏林儿童活动场地之二（图a～图k）

该活动场地位于柏林某道旁绿地中，主要设施有滑梯、滑车、攀爬架、秋千、悬索桥、挖土机、吊篮等。这些设施以粗犷的造型和田园般的风情将传统与现代结合在一起，又很好地融于绿地中。

a
―
b

• 图a 滑梯——造型可爱的滑梯安装在可爱的三层小木楼上，叫人百看不厌。它完全是一个具有功能的艺术品。孩子们从滑梯上滑下，犹如坐车从山洞中出来那样，有种突然的兴奋感。

• 图b 从另一个角度看滑梯——三层小木楼建在高高的土台上。土台四周长着野草，周围是泥沙混杂的地面和参差不齐的树林。主客体相辅相成地融为一体。

• 图c1~图c3 挖土机——它几乎具有工程上用的挖土机的所有功能。它的柄和挖斗可以上下左右活动，平台可以360°旋转，将一处的沙挖起，倒在另一处。它可以培养儿童的感知和认知能力。图中，一个儿童在家长的指点下正在操纵着机器给沙子搬家。

• 图c1 转动挖土机，提起挖斗。

• 图c2 操作挖斗下挖，将沙装满。

• 图c3 转动挖土机，将挖斗的沙倒在另一处。

•图d 吊篮——与常规的吊篮不同，它不是篮子，是一个中间填平的轮胎，吊在一根斜支的木棍上。这个吊篮看似简单、粗陋的"农家手笔"，看似一种怀旧情感的流露，但与周围环境相配，展现的是一派田园风景。它预示着我们应该回归自然，提倡生态、环保的生活环境，这就是魅力所在。

•图e 攀爬架——一个蜘蛛网形的攀爬架近十米高，看起来脚下到处是可以踩的网绳，但攀爬起来不那么容易，非要胆大心细不可。该活动很具挑战性和趣味性，每天吸引着不少孩子，甚至成年人。

$$\frac{f}{\frac{g}{h}}$$

• 图f　一种模仿农事的设施，这里供儿童玩沙子。

• 图g　吊桥——旧旧的板条拼接的桥面，搭在"原始"的木桥墩上，自然质朴。

• 图h　土台——活动场地的组成部分，供儿童攀登和游戏。它的存在更显现出场地的"野趣"。

$$\frac{i}{\frac{j}{k}}$$

- 图i 秋千。
- 图j 爬梯及游戏设施。

图i、图j 两种设施从材料、造型风格及色彩上成为该活动场地的"另类"。所以两者距离甚远，你中没我，我中没你，互不影响。但它们为环境添了鲜亮的色彩和活泼的气氛。

- 图k 滑车——在两个"原始"的木架之间拴一根钢绳，绳上吊一坐具，孩子们就很有兴趣地滑来滑去。

二十一、柏林儿童活动场地之三（图a～图s）

该活动场地位于街旁的一片市民休闲绿地之中。该绿地除了大片草坪之外，青少年及儿童活动场地是其主要内容。活动设施十分丰富，主要有滑梯、攀登架、爬杆、单杠、过家家的小屋、秋千、悬索桥、沙池、跷跷板、独木桥、滑板设施、步汀及一些动物木雕等。这些设施风格协调，造型简洁，并追求一种艺术品位。设施中，除了必须用金属制作的，如滑板、滑杆之外，几乎全部是用不加修饰的去皮树干和木板制作。它弯曲也好，树节子也罢，都是自然的本色，用在这里就是一种美。

$$\frac{a1}{a2}$$

•图a1、图a2 滑梯综合设施——以并排的两座形态简易、淳朴的吊脚楼为载体，滑梯及一些攀爬杆件架于其上。从图a1看出，可从右侧的"板梯"上滑梯，也可以从左侧两条平行的弧形钢管上滑梯，还可以从图a2的绳网架上滑梯。

$$\frac{b}{\frac{c}{d}}$$

• 图b　象形小滑梯——多为小小儿童使用。

• 图c　单杠。

• 图d　过家家的小屋子——不管哪里的孩子爱好都是一样的，能爬则爬，能上则上。该设计中充分注意到孩子的这一特点，为他们提供了攀爬的条件。

图中，天真可爱的孩子们在"艰辛"中收获着快乐。

• 图e 蹦蹦床。

• 图f 跷跷板——不加修饰的木头制作的跷跷板，看似粗陋，但粗中有细，不仅好用，而且跷跷板下方地面均有固定的缓冲垫——轮胎，起着舒适和保护作用。

• 图g 独木曲桥——将多个去皮的树杆以适当距离相互平行地"栽"在地上，形成一组醒目的竖向构图，并有种木雕的美感。其下面用独木相互串联起来，既有加固作用，并作为独木桥，供儿童在上面行走，锻炼身体平衡，也可以爬、坐等。

h
─
i
─
j

• 图h 浮萍——以沙代水，模仿水上浮萍，每个浮萍下面用三个弹簧支承，踩在上面摇摇晃晃，很有趣味，吸引儿童来体验。

• 图i 吊桥。

• 图j 沙池——沙池的周边用去皮的、自然弯曲的树杆模仿蛇形围合起来，蛇头匍匐在地，长长的蛇身弯弯曲曲，此起彼伏，十分形象。沙池中，还有正在"爬行的乌龟"。这些"动物"使沙池更为生动，也给小朋友带来了欢乐。

k		
	m	n
l	o	p

• 图k　活动场地的一个入口——各种生动、有趣的"动物"列队欢迎小朋友的到来。

• 图l　"长颈鹿"也是供孩子们攀登的设施。

• 图m～图p为活动场地上的一些"动物"。它们造型可爱，也是活动场地的标志物。

q
—
r
—
s

- 图q 足球场地一角。

- 图r 滑板场地一角。

- 图s 滑板场地一角。

二十二、弗洛姆儿童活动场地（图a～图e）

弗洛姆是挪威著名的峡湾旅游景区之一。儿童活动场地位于弗洛姆火车站——山间的一小块平地上。这里放眼望去，有几幢旅馆、青年旅舍、列车车厢改建的一个咖啡屋、一个餐馆、一个弗洛姆铁路博物馆。另外，还能看到一些开车自助游的汽车屋。虽说弗洛姆号称是有500户人家的小镇，可能分散在山里。由于平地有限，有的旅馆已经上山，就在这快寸土寸金的平地上，占地面积最大的当数这个儿童活动场地了。可见他们是多么在乎儿童的存在。

成年人在旅游地可以观山，看水，欣赏风景，享受清新的空气和体验美好的人生。儿童没有那么多的阅历、文化积淀及认知水平。他们只对自己知道的东西感兴趣。而儿童活动场地对他们是最有吸引力的。尤其在旅游地设置儿童活动场地，不仅是对旅游儿童的关心和爱护，同时对拉动旅游业也是有积极作用的。

• 图a　这里由于气候寒冷，旅游季节不长，旺季六月到八月，进入十月就没什么人来了。所以这里的活动设施不在意它的普普通通，而在意它有。

弗洛姆儿童活动场地分为两部分。图a场地一般大孩子活动。图b场地一般小孩子活动。

· 图b 场地有秋千、一个室内活动屋、一个办家家用的小屋、滑梯、攀爬架等。

· 图c1 为室内活动屋外观。因为这里雨天比晴天多。故为儿童提供室内活动室。室内活动室为两层，楼梯在室内。

· 图c2 为室内活动室一层局部。

· 图d 攀爬架。

· 图e 就坡势搭建的滑梯。

二十三、卑尔根儿童活动场地（图a～图p）

　　该儿童活动场地位于卑尔根海拔320m的勒于恩山上，也是该市著名的旅游景点。一般游客都会乘缆车到此一游。下了缆车，视野所及之处除了同在一幢建筑内的咖啡厅、餐馆、礼品店外，就是儿童活动场地和满山的参天大树了。成人上得山来是为了鸟瞰该市全景，而儿童只对属于他们的活动场地有兴趣。

　　活动场地的设施主要有秋千、滑梯，步桩、独木桥等。还有索桥、攀爬架、拉扛、隧道式滑梯等散落在徒步登山道旁的树林中。另外，附近林中或树上还隐藏了一些造型十分生动的山妖（当地的一些传说），也成为活动场地的重要组成部分。它让儿童在不经意之中产生突然的惊喜、兴奋和快乐，即使成年人也会倍加喜爱。

　　儿童是社会成员中非常重要的一族。在一般场合中都应该在乎他们的存在。重视和爱护他们，关心他们。当然，景点设置儿童活动场地也会因此而生辉。因为这时，对家长来说，孩子的要求就是家长的目标；孩子的快乐就是家长的所向和快乐。有特色的活动场地会博得儿童的喜欢，不仅常常迎来"回头客"，对当地的儿童也是很有吸引力的。

$$\frac{a1}{a2}$$

• 图a1　儿童活动场地入口——山妖欢迎孩子们的到来。

• 图a2　孩子们也很喜欢与山妖亲近。

b
c

• 图b和图c均为场地一角。从图中可以看到滑梯、搓板形独木桥、圆柱形独木桥、攀爬木及场地周围的圆木桩。木桩高高低低，供儿童在上面走步，也可当坐具。

场地上的设施大都是就地取材，既环保又与自然环境很和谐。

$$\frac{d}{\frac{e1}{e2}}$$

• 图d 场地一角——近处
是秋千。孩子们正在秋千
上运动。远处是一个两坡
的休息厅。

• 图e1、图e2 滑梯——
上滑梯有两条不同的路。
一是从斜撑的独木搓板
上；一是从斜撑的圆木柱
子上。
从图e2可以看到两个儿童
分别从两条不同的路正在
攀爬着上滑梯的情景。

f
g | h

- 图f 索桥。

- 图g 顺山势铺设的隧道式滑梯。

- 图h 蜘蛛网形攀爬架。

• 图i~图k及图m 为隐藏在活动场地树林中的"山妖"。它们造型十分丰富、生动，成为活动场地的组成部分。它会让你在不经意之中，突然产生惊喜，深受儿童甚至成年人的喜爱。

• 图l 散落于树林中的攀爬架。

• 图 n ～ 图 p
隐藏在活动场
地树林子中的
"山妖"。

二十四、爱丁堡儿童活动场地（图a～图x）

这是爱丁堡某绿地一处的活动场地。其活动设施十分丰富，主要有脚踏车、吊篮、秋千、摇篮、攀爬架、滑杆、摇锅、传输设施、七音棒、转锥、滑杆、滑梯综合设施、攀爬设施等。

a1	
a2	b

• 图a1 攀爬架——其中有七八种向上攀爬的方式和三四个不同的滑杆供孩子们运动。

• 图a2 为从另一面看攀爬架。其中蓝色板上的脚蹬也是供攀爬用的。

• 图b 转锥——孩子们站在下面的钢环上，转锥一面转动，孩子们一面沿着绳子向上攀爬。

• 图c 轨道脚踏车——可以单个孩子或几个孩子同时运动。登起时，车在既定轨道上转动。

• 图d 吊篮。

• 图e 摇锅——既可以旋转，又可以摇摆。

• 图f1、图f2 7音棒——通过打击不同的金属棒，会发出不同的声音，使儿童对七个音符有了最初的感知。

```
  g
─────
h │ i
```

•图g　搅拌传输设施——水管中的水流入装有沙的盆；转动平台上的螺旋曲柄，使螺旋杆一面搅拌，一面将搅拌好的沙带入平台上的盆中；然后再通过盆下的管口流入槽；最后通过槽流入端头下方的叶轮，推动叶轮转动。

•图h　从另一角度看搅拌传输设施。

•图i　搅拌传输设施局部——上搅拌平台的踏步。

• 图j　将水管中的水注入盛有沙的搅拌盆中。

• 图k　转动平台上的螺旋曲柄，螺旋杆将搅拌好的沙带到平台上的盆中。

• 图l　平台盆中的沙从盆下的管口流入条形金属槽。最后由金属端部的孔，流入叶轮，推动叶轮转动，见图h。

• 图m1 圆弧形的攀爬架。

• 图m2 这是图m1后面附带的一个体部。儿童坐在上面可以旋转。

• 图n 这是一个瞭望台，上面安装有望远镜。

• 图o1　带有滑梯的综合活动设施——这是由三个歪歪扭扭的吊脚楼、两个曲线形的滑梯、弯曲的钢管及不规则的板等组合而成的。三个小楼之间两两相联，看上去犹如童话里的场景，惹儿童喜爱。

• 图o2　是联结两个小屋的板，上面置有脚蹬，既是装饰，又助攀爬。

• 图o3　是联结两个小屋的绳网架，也是供攀爬用的。

• 图o4　从另一方向看组合设施。图中最前面的小屋没有滑梯。爬着钢梯进到小屋，踩着屋外垂直木柱上的脚蹬下来。

p1 |
p2 | q
 | r

· 图p1 滑车。

· 图p2 滑车的初始端。

· 图q 置有"沙发"椅的秋千。

· 图r 吊篮。

• 图s1 带有滑梯的大型综合活动设施——该设施构件复杂，供活动的内容丰富多样。

$$\dfrac{\text{s1}}{\text{s2} \mid \text{s3}}$$

• 图s2 从另一侧看综合活动设施。

• 图s3 综合设施中的绳梯。

- 图t1 滑梯设施——其左侧空间供玩耍，也是缓冲空间。上得滑梯可先通过上面装置的望远镜享受一下登高望远的乐趣。

- 图t2 从另一侧看图t1，根据儿童喜欢钻洞的特点，设计了一个洞式入口。

- 图u 这是一个拼图游戏设施。其共有9个可转动单元，这些单元只有两个符号X、O，但可拼出18种不同的图。锻炼儿童的敏锐、识别和记忆能力。

t1

t2 | u

• 图v 这是由吃西餐的工具：刀、叉、勺组合而成的设施，也是活动场地上的一个景观小品，很有趣味。它可供小小儿童在上面走步，锻炼平衡能力和胆量。也可当坐具和做其他游戏。

• 图w 做体操的图示——图示板的中间有个蓝色转盘，儿童做哪个动作，就将箭头对准哪个图，锻炼儿童的识图能力。

• 图x 兔形弹簧凳。

二十五、维也纳儿童活动场地（图a~图l）

该活动场地位于维也纳皇宫附近的一片绿地之中，为广大市民服务。内有不同形式的滑梯、攀爬架、单杠、秋千、抽水机、水渠、汽车、摇锅等等。

这里既为孩子们提供了丰富的活动内容，又使他们在很有趣味的"操作"中获取了一些感性知识。另外，活动设施多采用传统材料与现代材料组合，或说"土洋"结合，使得风格自然质朴，色彩艳丽醒目，增加了场地的生气与活力。

$\dfrac{a}{b}$

• 图a　管状滑梯、"汽车"和秋千。

• 图b　攀爬架——此攀爬架提供爬坡、爬直梯和滑杆等活动。

• 图c 活动场地一角——攀爬架与滑梯组合设施、秋千、弹簧凳、休息桌凳等。

• 图d 活动场地一角——具有多种攀爬方式及多种活动形式的攀爬架、单杠组合、曲臂转、弹簧凳及休息桌凳等。

• 图e1 "水利工程"——利用抽水灌溉原理设计的儿童游戏设施。图中抽水机抽出的水层层跌落，孩子们用水拌沙玩得很开心。

• 图e2 孩子在用抽水机抽水。

• 图f 学开"车"——该车除有方向盘、喇叭及一些按钮外，上、下还开了一些洞，供孩子们钻爬、藏猫等游戏。

• 图g 卡通狗形弹簧凳。

· 图h 滑梯。

· 图i 场地一角——过家家的小木屋、摇锅、狗形弹簧凳。

· 图j 场地一角——大象形抽水机及水渠，圆木凳及过家家小屋。

· 图k 摇锅。

· 图l 小小儿童玩的滑梯——滑梯下的支撑开洞，增加了儿童许多玩耍的乐趣。

二十六、日内瓦儿童活动场地（图a～图m）

该活动场地位于某城市绿地内。主要活动设施有攀爬架和滑梯组合设施、玩沙设施、过家家的小屋及卡通人、卡通动物等。场地质朴，自然，透出一种田园式的风景。散布于场地上的卡通人及卡通动物使场地气氛活泼可爱，甚至让人时时有惊喜。

$\dfrac{a}{b}$

• 图a 模仿农村过去一种做农活的设施。在这里粮食以沙代替，供儿童游戏，同时也供攀爬。

• 图b 将三个坡屋顶的亭利用杆和桥连接起来，组成一个能爬、能滑的综合设施。它们的造型细细高高，歪曲扭斜，就像从哈哈镜里看到的景象，充满了童趣。

```
  c
  d   f
  e   g
      h
```

· 图c "独木桥"。

· 图d 玩沙设施。

· 图e 过家家的可爱小木屋。

· 图f~图h 活动场地中以卡通动物造型的弹簧
凳。

• 图i～图m 活动场地上的卡通人及卡通动物——它们隐蔽在灌木、花丛及边边角角的空地处，不经意之中有可能就碰上，使小朋友一阵惊喜。

二十七、欧登塞儿童活动场地（图a～图q）

　　该活动场地位于走街后面的一片绿地之中。设计者以一些自然景象为主题，进行畅想与再现。如"引水入渠"、"海鸥"群、"浮萍"、"荷叶凉棚"及一些天上飞的、水中游的、地上跑的、地下钻的卡通动物等，不仅使儿童百玩不厌，而且在不知不觉中了解了一些自然，增长了一些知识。如图a～图c，"引水入渠"——利用水坝及水库的设计原理，在"上游"进水口处设一闸门，儿童随时可以开闸放水，并控制水流。

```
      a
  ┌────┬────┐
  b  │  c
```

- 图a　在河流旁边开一水渠。水渠弯弯曲曲，好似环环相扣，很有童趣。
- 图b　一个孩子正在开闸放水。
- 图c　水来了，孩子们高兴地在水中嬉戏。

d
—
e
—
f

• 图d 水渠下游的出水口——出水口呈圆形，水流急，流速大，水在这儿旋转，形成明显的旋涡，然后从中间孔归入河中。

• 图e 场地中心的一块自然山石，未经过雕琢，而雕塑般地立于场地，丰富了场地景观。孩子们把它看成"一座山"，很喜欢攀爬和登高。

• 图f 海鸥形弹簧凳——一群海鸥在场地一角展翅翱翔。由于多而成群，形成一种阵势，吸引来场地活动的小朋友。

• 图g　活动场地的蝴蝶泉——在儿童活动场地边的水域中，水面映着蓝天，浑然成为一体。在这"天地"之间，各种蝴蝶上下飞舞，一番生动景象。

• 图h　活动场地一角——该处象征着一个湖。湖中有条"鱼"浮出了水面。湖面有许多浮萍，人踩上去可以摇摆。儿童喜欢踩着嬉戏，甚至于成年人也常上去感受快乐。"鱼"是儿童的宠物和"坐骑"。

• 图i　活动场地一角——桌子是"花"，凳子是"叶"，绿叶围着黄花，惹人喜爱，供家长休息等候。

• 图j　刚爬出"洞"的蛇，形象逼真生动，是儿童的玩物和"坐骑"。

• 图k　秋千活动区——这里不仅有秋千供儿童运动，而且围着秋千"栽"了一些装饰树，树头上的"果"在光照下闪着金光，美观并具有标志性。

- 图l 水渠的闸门。
- 图m "鹅"——既是木雕，活跃场景，又供儿童攀、爬、骑。
- 图n 鱼——木雕，可坐可骑。
- 图o 三个"荷叶"搭成一座凉棚。

$$\frac{p}{q}$$

• 图p 滑梯——一个供儿童运动的设施，一个抽象的雕塑。它造型简洁美观，稳而有力，与场地其他设施相比，有种"稳如泰山"的气势和安全感。

• 图q 上滑梯的路——一条狭窄的"羊肠小道"，一条神秘的"山路"。它狭窄得并排站不下两个儿童。它神秘得让人一眼看不到"尽头"。这也是吸引儿童非要探个究竟之所在。

二十八、马尔默儿童活动场地之一（图a～图h）

该活动场地位于某路边绿地。其出入口的彩虹门色彩鲜艳靓丽，在绿色的环境中十分耀眼，很远就可看到。彩虹门两面之间的厚度约60cm，是一个漏空的木梯，供儿童攀爬玩耍，从门的一头可爬到另一头。从图c右下可以看到彩虹门的侧面，和两个儿童正在爬楼梯的情景。

```
    a
 b  |  c
```

- 图a 活动场地出入口——彩虹门。

- 图b 可爬、可坐的"树枝"。

- 图c 小楼——攀爬设施。小楼有两层高，室内外均有一螺旋梯供儿童攀爬上楼，然后从图左边的滑竿上滑下来。
图右下是彩虹门的侧面。

d
—
e

• 图d 树枝形攀爬架——树枝高低错落，错综复杂。在高差较大的树枝之间还拉了一些绳网架。该树枝可供攀爬、登高、也是坐具。

• 图e 天蓝色的山包群——多个山包形状、色彩相似地"群居"一处，不仅增加了趣味性，而且以多醒目。儿童在跑上跑下，不知不觉中增加了活动量。

$$\frac{f \mid g}{h}$$

•图f 绿色的山包群——场地中的另一组山包。孩子们在山包上运动、休息。

•图g "村落"——过家家及做其他游戏的"小村落"。

•图h 活动场地一角——沙池及家长休息坐椅。

二十九、马尔默儿童活动场地之二（图a～图g）

该活动场地位于某住宅小区的绿地之中，以造型各异的不锈钢攀爬架为主。它们疏密有致地散落在绿草地上，每个攀爬架配以相应的有弹性的红色地面，形成花朵般的装饰，像雕塑点缀着草地，又是儿童喜爱的健身器械。

```
 a | b
-----
 c |
```

• 图a 柱形攀爬架。

• 图b 人形攀爬架。

• 图c 腰鼓形攀爬架。

• 图d 花形攀爬架。

• 图e 动物形攀爬架。

• 图f 吊篮——有时成人也会有玩兴，或想感觉一下。因此在设置运动设施时，要考虑到成年人使用时的安全性，如不能负荷，应有标志标明。

• 图g 球形攀爬架。

三十、科布伦茨儿童活动设施选例（图a～图e）

将彩色艳丽的吊篮挂在高低不同的树干和树枝上，孩子们坐在里面可以自摇或他人助摇。当吊篮摇起时，一片片，一簇簇飘荡在古树丛中，如彩蝶飞舞，远处即可看到，景观效果很好。图为城市某绿地一处景观，儿童、成年人均可使用。

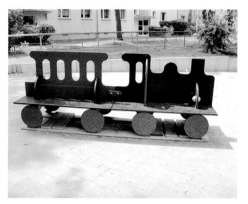

- 图a1、图a2 吊篮景观。
- 图b 火车型儿童座椅。

这是某社区儿童活动场地的出入口——两幢小楼用一座绳编的"过街桥"连接起来。"桥"下是活动场地的出入口。这两幢小楼是室内活动室。它们的门直接对外开敞。如上二楼，可以先从图c右边小楼里的梯子上去（见图d），也可以从图c左边楼中间的明梯上去。如果想从二楼的左楼去右楼，"过街桥"是唯一的通道。

• 图c 活动场地出入口正面。

• 图d 从一层的门可以看到上楼的木梯。

• 图e 活动场地出入口背面。

三十一、路旁拾零（图a～图bb）

走在街道上左顾右盼，常常会有些景观吸引眼球，甚至让你驻足品味，那就是为儿童活动、玩耍所提供的一些设施。这些设施不仅为儿童服务，使儿童从中得到锻炼，得到知识，得到快乐，而且也是一道可爱的城市风景。

$$\frac{a}{b}$$

・图a 是位于奥尔堡某路口供儿童攀爬的活动设施。

・图b 为哥本哈根某路口设置的一块沙池，里面布置了一些"水果"。它们不仅是供儿童玩耍的坐具，也是一道城市景观。同时，由于做得非常逼真，也是小小儿童认识水果的道具。

• 图c、图d及图e 为柏林索尼中心的一个景点，也是为儿童活动而设置的活动设施，主要由方形沙池、攀爬架及形似硬币的方孔圆雕组成。它们虽然造型简单，但色彩艳丽，与周围环境形成鲜明的对比，突出而美观，从街道上走过，即可被它们吸引。常见孩子们在沙池中玩沙，从"硬币"的孔中钻来钻去，在攀爬架上爬上爬下，从而增加了环境的生动气氛。

c	d
e	

• 图c 攀爬架。
• 图d 方孔圆雕。
• 图e 场地一角。

本页图为卑尔根市中心市民休闲广场上的两个活动设施，一个为"走钢丝"，另一个为沙池。

• 图f1～图f3 为"走钢丝"设施。该设施安置在厚厚的、具有弹性的基座上。钢丝（实际是钢带，宽约3cm）主要锻炼人的平衡能力和儿童的胆量。该设施的两端有明显的告示，其中图f2告知有跌倒的危险；另有"5+"说明适用于5岁以上的人玩。言外之意，成人也可尝试（图f3）。

• 图g 为用独木桥连接的两个沙池，一个沙池为正方形，一个为六边形，注意到在协调中有所变化，供儿童玩沙和游戏。

• 图h1和h2 为卑尔根海滨路旁某儿童活动场地。其中滑梯安置在过家家小屋的坡屋面中央。儿童上滑梯的"路"有多种；可从滑梯左右两侧的檩条上，也可从另一坡面的三组檩条分别上，见图h2。该处理质朴、简洁、有新意。

• 图i 两个跷跷板安装在同一个轴上，组成十字形。可以两个小朋友对面玩，也可以4人同时互动玩。该跷跷板不多见。其中，起着缓冲作用的弹簧垫——轮胎多见固定在地面上，这里钉在了跷板下，其功能性更强一些。（卑尔根）

• 图j 慕尼黑一个路边儿童活动场地中的石雕。该石雕是一个笨熊的卡通造型，惹儿童喜爱。在它身上留有缺刻，作为脚蹬供儿童攀爬。所以，它也是一个特殊的攀爬架。

k1
---
k2

• 图k1和图k2 显示的是哥本哈根某社区街道上的凤凰形滑梯、过家家的小屋、鸡形雕塑的坐具及沙池等。它们顺着社区街道一字排开，由于色彩鲜艳，与环境对比强烈。当你路过此地，一眼就会看见，成为街道一景。

从图k2可看到凤凰滑梯的梯子及滑板。该设施看似简单，但梯子没装扶手，对小小儿童也是一种挑战。

• 图1 是哥本哈根某小学活动场地中的一个大型攀爬架，通过通透的围墙即可看到。其攀爬的种类和形式十分丰富，有各种横竖攀爬杆件和滑竿、绳梯、木梯、垂直壁等等，是孩子们非常喜欢的课间或课余活动园地。孩子们在这里爬上爬下，"飞檐走壁"，施展才干，力尽所能，在游戏中锻炼了身体，缓解了身心的疲劳，调节了心情。

在欧洲一些城市中，儿童活动场地一般总会有适合各种不同年龄段的攀爬架。这些攀爬架建在沙池中，或软软的草地上，既安全，又能满足孩子们的挑战心理，是儿童最喜欢的活动设施之一。

攀爬能锻炼孩子的勇敢、毅力、耐力、自信和信心。

$\dfrac{m}{n}$

• 图m和图n为哥本哈根某小学校园入口处的攀爬架：这两个架子好像都与建筑物有关，其中图m像个三角形屋架。屋架有一半多已钉上檩条，共攀登用。现在虽已进入寒冬，课间休息，这里仍然朝气蓬勃。老师与学生们一起爬架子，一看我照相，端端正正地坐下来，对着镜头。

• 图n很像正在建设的三层楼房的脚手架。老师捷足先登，站在高处，招呼着学生们上来。此设计与房屋结合，贴近生活，不仅攀登起来复杂，有趣，而且具有知识性，是一个非常好的构思与设计。

$$\frac{o1}{o2}$$
$$p$$

· 图o1和图o2 为奥尔堡某社区的综合活动设施。它由4个体部用不同方式连接而成，可以做多种活动。如图o2，孩子们正在做"拉扛"运动。

· 图p 为奥尔堡某处简洁的儿童活动设施。

$\dfrac{q}{r}$

• 图q~图w 是哥本哈根某社区的一个大型健身攀爬架。它构造复杂，可做拉、伸、吊、爬等多项活动。成年人也可在此找到适合的运动。

s	
t	u
v	w

• 图s～图w 儿童攀爬架花絮。

• 图x1、图x2 为奥尔堡某幼儿园建在"亭"上的滑梯——以一棵大树为中心搭建一个平台。平台四周围上栏杆。茂密的树冠形成平台的"屋顶"（实际是藤爬满支架）。远看，大树根深叶茂，景观效果很好。儿童从木梯上去，在平台上活动、玩耍，而后从封闭的管状滑梯上滑下来。"亭"下是沙地，与活动场地的沙地连成整体，这里是儿童很喜欢活动的空间。

• 图y 儿童过家家的小木屋。

x1	
x2	y

$$\frac{z}{\frac{aa}{bb}}$$

• 图z　为奥尔堡某社区路旁的一个五边形组合秋千。它可以同时提供五个人运动，增加了儿童的群体互动意识及活动兴致。

• 图aa　为美因茨某商场前广场的儿童活动场地。场地上有过家家的小木屋及各种动物形弹簧凳等，为儿童提供了活动设施。同时，为环境增添了生气和色彩。

• 图bb　慕尼黑一个别开生面的跷跷板。

主要参考书目

1.(波兰)M.得瓦洛夫斯基著.阳光与建筑.金大勤，赵喜伦，余平译.北京：中国建筑工业出版社，1989

2.东南大学黎志涛.幼儿园建筑设计.北京：中国建筑工业出版社，2006

3.胡正凡，林玉莲编著.环境心理学（第三版）.北京：中国建筑工业出版社，2012

4.西安建筑科技大学，华南理工大学，重庆大学，清华大学编著，西安建筑科技大学刘加平主编.建筑物理（第三版）.北京：中国建筑工业出版社，2003

5.李铮生主编.城市园林绿地规划与设计（第二版）.北京：中国建筑工业出版社，2006